당신의 뇌, 미래의 뇌

당신의 뇌, 미래의 뇌

김대식 지음

해나무

머리말

"사실, 나는 내가 존재하는지 확신할 수 없다. 나는 내가 읽은 모든 작가들이자, 내가 만난 모든 사람들이며, 내가 사랑한 모든 여자들이다. 또 내가 갔던 모든 도시들이다."

– 호르헤 루이스 보르헤스

뇌과학을 연구하다 보니 주변 사람들에게 비슷한 질문들을 자주 받습니다. 왜 그렇게 어려운 연구를 하나요? 뇌과학을 전공하면 돈은 벌 수 있나요? 영혼과 사후死後 세계는 존재하나요?

물론 과학으로 큰돈 벌기는 어렵지만, 자연의 비밀을 탐구하고 이해하는 것만큼 짜릿한 것이 없기에 뇌과학을 연구한다고 대충 둘러댑니다. 그렇다면 영혼과 사후 세계는? 이제 애매해집니다. 직업상 물리학자들 역시 비슷한 차원의 질문을 받을 겁니다. 우주는 왜 만들어졌나요? 신神은 과연 존재하나요?

과학의 핵심은 반복된 실험을 기반으로 한 증명과 예측 가능성입니다. 하지만 사후 세계와 영혼은 과학적 증명이 불가능합니다. '신'이라는 개념 역시 비슷하죠. 어차피 과학의 영역을 뛰어넘기에 증명도, 부정도 무의미합니다. "신은 존재하는가?"라는 나폴레옹의 질문에 수학자 피에르 시몽 라플라스Pierre-Simon Laplace, 1749~1827는 만물의 역학을 해명하는 데 "'신'이라는 가설은 불필요하다!"라고 얘기합니다.

하지만 물질의 역학을 설명하기엔 신神이 더 이상 필요 없더라도, 죽음을 두려워하고, 사랑하고, 삶의 의미를 찾는 수많은 사람에게 신이라는 존재는 소중합니다. 그렇다면 반대로 질문할 수도 있습니다. 과학의 힘으로 우주와 인류의 기원을 이해하기 시작한 호모 사피엔스는 왜 여전히 과학적으로 검증할 수 없는 비물질적인 현상들을 상상하고 있는 걸까요?

털 없는 원숭이로 지구에 등장한 인류에게 세상은 언제나 두렵고 신비스러웠습니다. 그리고 예측할 수 없는 일들의 합집합인 세상을 조금이나마 이해하기 위해 인간은 신비스러운 것들에게 이름을 붙이기 시작합니다. 천둥, 소나기, 신, 영혼, 죽음……. 이름이 주어지는 순간 그들에게 부탁도 하고, 구걸도 할 수 있으니 말이죠.

과학과 문명이 발전하는 만큼, 인간이 두려워해야 하는 외향적 존재들은 사라져버렸고, 우리 인류에게 남은 마지막 진정한 신비는 어쩌면 존재하지 않는 것들을 믿을 수 있는 '나'라는 존재인지도 모르겠습니다.

이 책은 그러한 '나'를 찬찬히 들여다보고자 합니다. 보고 지각한다는 것, 감정을 느끼고 기억한다는 것에 대해 뇌과학은 어떻게 설명하는지, 뇌과학의 미래는 어떻게 나아가게 될 것인지 등을 이야기할 예정입니다. 시각, 인지, 감정, 기억 등 결국 '나'에 대한 뇌과학 이야기입니다.

차례

머리말 5

1장 보고 지각한다 : 시각과 인지

뇌를 본 순간 12
신경세포에 색을 입혀보았더니 24
눈으로 들어오는 정보들 32
영역마다 다른 뇌 기능 48
움직이는 것들의 흔적을 좇아 58
연결된 신경세포들 70
지각, 해석을 거친 감각 80
정보를 해석하는 뇌, 그리고 착시 92

2장 느끼고 기억한다 : 감정과 기억

호모 에코노미쿠스를 위한 변명 110

선先 선택, 후後 정당화 118

스토리텔링, 인류 발전의 원동력 132

과거·현재·미래가 공존하는 뇌 140

기억과 자아의 흔적 162

결정적 시기의 교육 176

3장 뇌를 읽고 뇌에 쓴다 : 뇌과학의 미래

브레인 리딩, 뇌를 읽다 188

브레인 라이팅, 기억의 편집 200

생각하는 기계 212

스스로 학습하는 기계 222

감정을 교류하는 기계 236

자의식을 지닌 기계 246

인공지능은 계속 진화할 것인가? 258

맺음말 270

이미지 출처 273

찾아보기 274

보고 지각한다

1장

시각과 인지

뇌를 본 순간

"Shut your eyes and see."

눈을 감고 보아라.

— James Joyce

Kurt Schwitters, Merz Picture 1A(The alienist), 1919.

저는 뇌과학과 인공지능을 연구하고 있습니다. 서로 어울릴 것 같지 않은 두 학문이죠. 왜 저는 두 가지를 동시에 연구하고 있는 걸까요?

인공지능 분야에는 '모라벡의 역설Moravec's Paradox'이라는 것이 있습니다. 미국 카네기 멜론 공과대학CMU의 한스 모라벡 교수가 제안한 개념인데, 바로 이런 내용입니다. 신기하게도 우리 인간한테 터무니 없이 쉬운 행동들이 기계에는 너무나 어렵고, 반대로 기계에게 쉬운 것들이 우리 인간한테 매우 어렵다는 겁니다. 기계한테 걸어 다니는 것은 여전히 어려운 과제입니다. 아직 자연스럽지 않아요. 얼굴 인식, 여전히 잘 못하고 있죠. 음성 인식에도 한계가 많아요. 기계와 음성으로 대화를 나누는 건 여전히 불가능합니다. 하지만 인간에게는 모두 너무나 쉽고 자연스러운 행동들입니다. 인간의 그런 능력들은 어디서 오는 걸까요? 물론 우리 모두 머리 안에 가지고 있는 '뇌' 덕분이겠지요. 그래서 저도 마음을 고쳐먹었죠. 인공지능을 만들기 전에 자연지능을 먼저 제대로 이해해야겠구나! 자연지능은 당연히 뇌를 가지고 연구해야 하니까, 뇌과학 쪽으로 아예 방향을 틀어 그것으로 학위를 받았습니다. 그 덕분에 지금 여러분 앞에 이렇게 서게 되었습니다.

앞으로 세 번에 걸쳐 세 가지 주제를 가지고 강의를 하려고 합니다. '시각과 인지'라는 주제로 시작해서, 그다음에는 '감정과 기억', 마지막에 '뇌과학의 미래'가 이어질 예정입니다. 이 정도면 웬

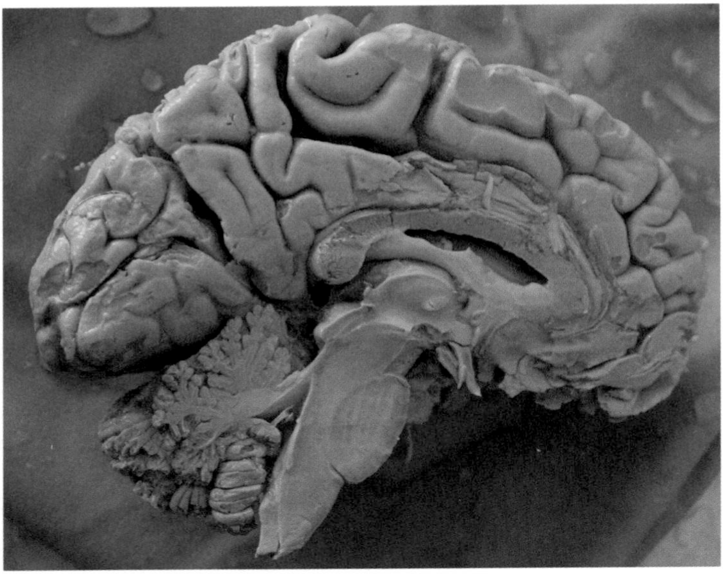

인간의 뇌를 실제로 보면 1.5킬로그램짜리 고깃덩어리처럼 보인다.

만한 뇌과학 개론 한 학기 수업 내용이라고 할 수 있습니다. 그러니까 여러분은 한 학기 뇌과학 수업을 압축해서 세 번에 듣게 되는 셈이죠.

자, 이제 오늘의 주제인 '시각과 인지'에 관한 이야기를 시작해 보겠습니다.

공학을 전공하던 제가 뇌과학을 본격적으로 시작하려고 할 무렵이었습니다. 어느 날 교수님이 저한테 뇌 수술을 한번 해보라는 거예요. 물론 사람은 아니고 동물이죠. 지도 교수가 하라면 해야지 어쩌겠어요. 그래서 두개골을 열어 난생처음 살아 있는 뇌를 봤습니다.

뇌를 본 순간 정말 신기했어요. 신기할 만한 게 하나도 없다는 점이 신기했어요. 그냥 1.5킬로그램짜리 고깃덩어리에 불과했습니다. 진짜 별것 아니에요. 징그럽고, 혈관으로 뒤덮인 고깃덩어리였습니다. 그런데 이렇게 별것 아닌 것으로 인간은 우주의 원리에 대해서 사유하고, 인공지능까지 만들고 있는 것이죠.

사실, 뇌를 과학적으로 연구하기 시작한 건 150년 정도밖에 안 됩니다. 플라톤, 아리스토텔레스 같은 고대 그리스 철학자들은 물체와 우주의 원리를 규명하겠다며 생각을 거듭했지만 정작 뇌에 대해서는 존재 자체도 몰랐습니다. 당시 대다수 사람들은 생각을 가슴으로 한다고 여겼어요. 왜 그랬을까요? 우리가 사랑에 빠지거나 화가 나면 몸의 반응은 대개 심장에서 옵니다. 뇌는 아무 반응도 없어요. 여러분도 뇌로 생각한다고 알고는 있지만 느끼지는 못하잖아요?

그럼 이런 뇌를 잘라서 들여다보면 어떨까요? 역시 아무것도 없습니다. 자아도 없고, 소리도 없고, 기억도 없고, 감정도 없습니다. 뇌 안에서 관찰할 수 있는 것은 10^{11}, 즉 1000억 개가량 되는 신경세포입니다. 그리고 세포 하나하나는 수천 또는 수만 개의 다른 세포하고 연결되어 총 10^{15}, 무려 1000조 개나 되는 연결이 존재합니다. 그게 다예요. 저는 과학자라서 실험 가능하고, 눈으로

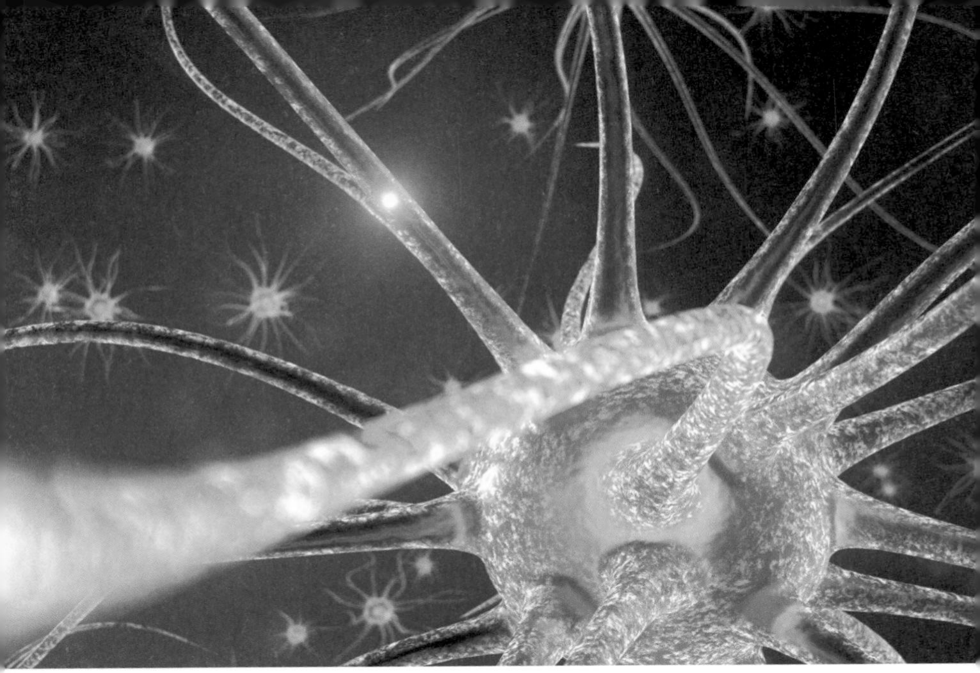

관찰할 수 있는 것으로 자연을 설명해야 합니다. 뇌 안에는 수많은 신경세포와 그것들의 연결만 있어요. 신경세포와 그것들의 연결만으로 어떻게 생각이 이뤄지는 것일까요?

우리는 상당히 오랫동안 뇌로 생각한다는 사실 자체를 몰랐습니다. 그러다 어느 순간부터 뇌가 중요할 것 같다는 막연한 느낌을 갖기 시작했어요. 어떻게 느꼈을까요? 아마 이런 식으로 생각했을 거예요. 가령 사고가 나서 제 손가락이나 팔이 잘려나갔다고 해보죠. 그래도 저는 여전히 존재합니다. 그렇지만 제 머리가 잘리면 머리뿐 아니라 제 자아까지 사라집니다. 아주 간단해요. 그동안의 숱한 경험으로, 사람들은 다른 신체 부위가 없어져도

'나'라는 존재가 그대로 유지되지만, 머리가 잘린 사람은 자아가 없어진다는 걸 슬슬 깨닫게 되었습니다.

뇌를 해부학적 관점뿐만이 아닌 기능적 관점으로 연구하기 시작한 인물은 오스트리아의 의사 프란츠 갈Franz Gall, 1758~1828입니다. 지금 기준으로 보자면 돌팔이 의사였어요. 그래도 18세기 사람이라는 걸 감안하면 발상 자체는 나쁘지 않았어요. 그는 뇌가 영역마다 다른 기능을 가졌을지도 모른다고 생각했습니다. 처음에는 그냥 단순한 관찰에서 시작했을 거예요. 사람은 다 다르게 생겼잖아요. 그 이유야 모르겠지만 똑똑한 사람이 있는가 하면, 다소 모자란 사람도 있고, 부자가 있는가 하면, 가난한 사람도 있습니다. 모두 다르죠. 이런 사람들의 머리를 보니까 조금씩 다르게 생겼어요.

어찌 보면, 뇌는 마치 힘줄같이 생겼다고 착각할 수 있습니다. 프란츠 갈은 아마 이런 식으로 생각했던 것 같습니다. 힘줄을 많이 사용하면 당연히 힘줄이 커지겠죠. 팔 운동을 하면 팔에 근육이 붙고 다리 운동을 하면 다리에 근육이 생기듯이, 같은 생각을 많이 하면 뇌 근육이 커질 거라고 생각했습니다. 나쁘지 않은 가설이에요. 충분히 그렇게 생각할 수 있습니다. 머리 안에서 뭔가를 많이 하면 뇌 근육이 커질 테고, 뇌 근육이 커지면 그 영역의 두개골이 불룩 솟아날 것이라고 말이죠. 그러니까 사람의 머리를 만져보면 어느 영역이 발달했는지 알아낼 수 있다는 얘기입니다.

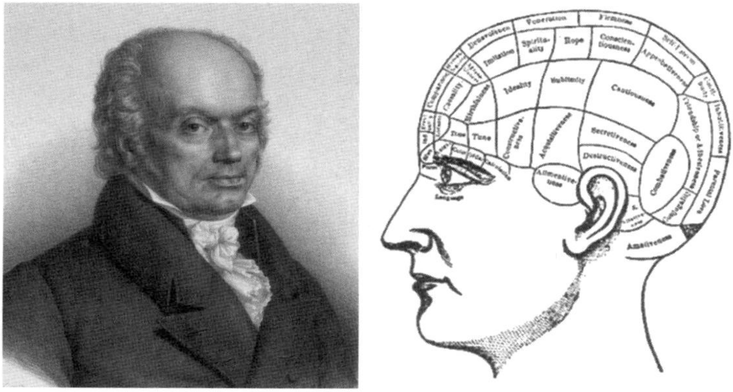

프란츠 갈은 두개골의 형상으로 그 사람의 성격이나 능력을 추정하는 골상학을 창안했다.

여기까지는 좋습니다. 그런데 후속 조치가 엉터리예요. 갈은 자기가 아는 사람들 중에서 돈 많은 사람, 가난한 사람, 똑똑한 사람, 다소 모자란 사람들을 데려다 놓고 머리를 만져봤습니다. 그러고 나서, 예컨대 똑똑한 사람이 앞머리가 좀 튀어나왔으면 앞머리로 생각을 하는구나, 돈 많은 사람이 옆머리가 튀어나왔으면 옆머리는 돈을 계산하는 영역이구나, 이런 식으로 일종의 뇌 지도를 만들었어요. 갈은 자신의 이론을 골상학Phrenology이라고 불렀습니다. 그 내용을 보면 대부분 난센스입니다. 다 틀려요. 사랑 영역, 관대함 영역, 종교적 독실성 영역 등등 곳곳에 별의별 영역들이 다 있습니다. 이 연구를 바탕으로 프란츠 갈은 생김새, 특히 머리 모양에 따라 그 사람의 직업도 알아낼 수 있다고 장담했어요.

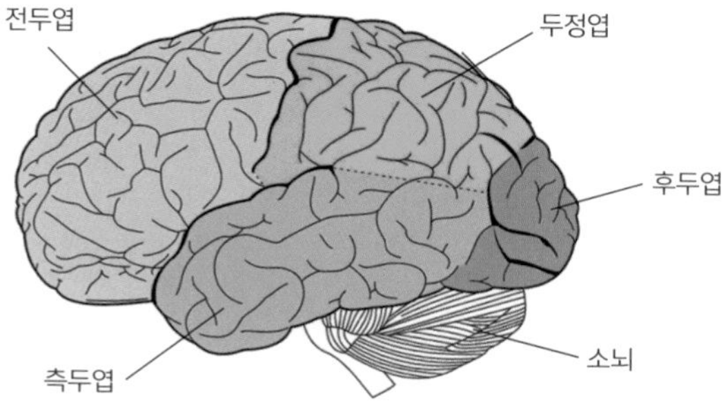

뇌는 크게 전두엽, 두정엽, 측두엽, 소뇌 등의 영역으로 나눌 수 있다.

이건 사이비 과학입니다. 그래도 기본 아이디어, 즉 뇌 안에 여러 영역이 있고 서로 다른 기능을 한다는 가설은 맞습니다. 방법이 틀렸던 셈이죠.

뇌를 한번 볼까요? 뇌는 약 1.3~1.5킬로그램에, 좌뇌와 우뇌로 나뉘어 있고, 척추와 연결되어 있습니다. 뇌 자체는 크게 전두엽, 두정엽, 측두엽, 소뇌 등 네다섯 개의 영역으로 나눌 수 있습니다. 자, 이 뇌를 이제 해부해보겠습니다.

다음 페이지에서, 뇌를 식빵 조각처럼 잘라놓은 사진을 한번 볼게요. 육안으로 봐도 어두운 부분과 밝은 부분이 확연히 드러납니다. 어두운 부분에 신경세포들이 있고, 밝은 부분에는 세포들 간의 전깃줄(신경섬유)이 자리 잡고 있습니다.

신경섬유를 제외한 피질의 두께는 영역에 따라 1에서 4.5밀리미터 정도이고, 평균 2.5밀리미터 두께에 총 0.22제곱미터의 면적을

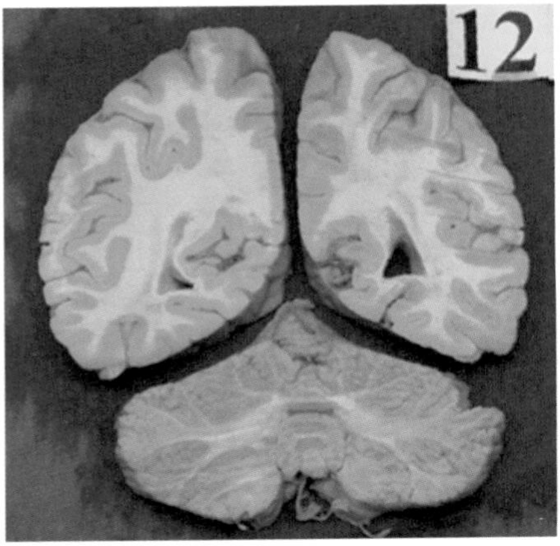

신경세포는 어두운 부분에 자리 잡고 있다.

가진 걸로 알려져 있습니다. 인간의 대뇌피질cerebral cortex은 두께 2밀리미터 정도의 손수건만 한 크기라고 상상하면 될 듯 합니다. 신기하지 않나요? 기억, 지각, 감정, 의지……. 인간의 존엄 그 자체 모두가 이 손수건만 한 세포 시트 한 장 안에서 만들어진다는 사실이 말입니다. 이 시트는 우리 두개골 안에 구겨진 상태로 들어 있습니다. 왜 이렇게 구겨졌을까요? 뇌가 진화를 거듭하면서 점점 커졌는데 어느 순간 너무 커지니까 두개골 안에 들어가려면 구겨져야 했습니다.

인간의 두개골은 진화하면서 점점 커졌습니다. 그런데 두개골이 너무 커지다 보니 출산하는 데 여러 문제가 생겼어요. 엄마 자궁에서 나오기가 힘들어진 거예요. 이런 문제를 해결하려다 보니 몇 가지 궁여지책이 나옵니다.

우선, 인간은 다른 동물에 비하면 뇌가 완성되지 않은 채로 태어납니다. 미성숙한 상태로 세상에 나오는 거죠. 송아지나 망아지는 어떤가요? 태어나자마자 뛰어다녀요. 하지만 인간은 6개월 정도가 돼야 기어다니기 시작하고, 1년 넘게 지나야 걸어다닙니다. 사실, 6개월 정도는 더 엄마 뱃속에 있어야 한다는 얘기죠. 그런데 아기는 일찍 태어날 수밖에 없습니다. 더 기다리면 머리가 산모의 골반에 걸려서 나오지 못하거든요. 여성의 골반이 감당하기 힘들 만큼 머리가 커지기 때문이죠. 17세기 유럽에서조차 여전히 여성 100명 중 한 명(1~1.5%) 이상이 출산하다 사망했다고 합니다. 아기를 점점 일찍 태어나게 하는 것에도 한계가 있습니다. 그 다음부터는 차츰 두개골 안에서 뇌가 겹쳐졌어요. 용량은 그대로인데 내용물이 늘어나려면 계속 접힐 수밖에 없겠죠.

인간은 몇 년에 걸친 부모의 헌신 없이는 생존할 수 없는 거의 유일한 동물입니다. 그러다 보니 어쩔 수 없이 가족이라는 개념이 생겼다고 주장하는 학자들도 많습니다. 엄마가 전적으로 아기만 보살피면 사냥을 하기 어렵고, 그러다 보면 굶어 죽을 수도 있어요. 그래서 결혼과 가족 제도가 만들어진 것이라 보는 것이죠. 이 모든 것들이 뇌가 점점 커졌기 때문이라고 할 수 있습니다.

뇌를 본 순간 정말 신기했어요.
신기할 만한 게 하나도
없다는 점이 신기했어요. 그냥
1.5킬로그램짜리 고깃덩어리에
불과했습니다. 진짜 별것
아니에요. 징그럽고, 혈관으로
뒤덮인 고깃덩어리였습니다.
그런데 이렇게 별것 아닌 것으로
인간은 우주의 원리에 대해서
사유하고, 인공지능까지 만들고
있는 것이죠.

Paul Nash, Circle of the Monoliths c.1937–1938.

신경세포에 색을 입혀보았더니

"The mind was dreaming. The world was its dream."

마음은 꿈꾸고 있었다. 세계는 그 꿈이다.

— Jorge Luis Borges

Kurt Schwitters, Merz 1925, 1. Relief in Blue Square 1925.

뇌를 맨눈으로 보면 세포가 보이지 않습니다. 그래서 뇌를 연구할 때 제일 먼저 하는 게 염색이에요. 교과서나 책에 나오는 신경세포 그림은 전부 염색한 겁니다. 말 그대로 잉크를 집어넣습니다. 세포에 잉크를 넣어야 세포 자체가 보이기 시작하죠. 다양한 염색 방법이 있습니다. 세포 하나하나를 다른 색깔로 염색할 수도 있으며, 신경세포들 간의 연결 상태까지 다 볼 수 있게 염색할 수도 있습니다.

19세기 말, 뇌 연구에 과학적인 방법이 동원되기 시작했습니다. 당시 뇌과학 분야에서 가장 큰 이슈는 신경세포의 존재 여부였습니다. 그것을 놓고 엄청 싸웠습니다. 물론 그때도 신경세포의 존재 자체는 알고 있었죠. 그런데 신경세포를 직접 관찰할 방법이 없었어요. 그러다가 이탈리아의 해부학자이자 병리학자인 카밀로 골지Camillo Golgi가 최초로 세포 염색 방법을 발견했습니다. 골지는 세포가 거미줄처럼 전부 연결되어 있다고 생각했습니다. 그러니까 세포를 하나의 그물이라고 여긴 것이죠. 따라서 신경세포라

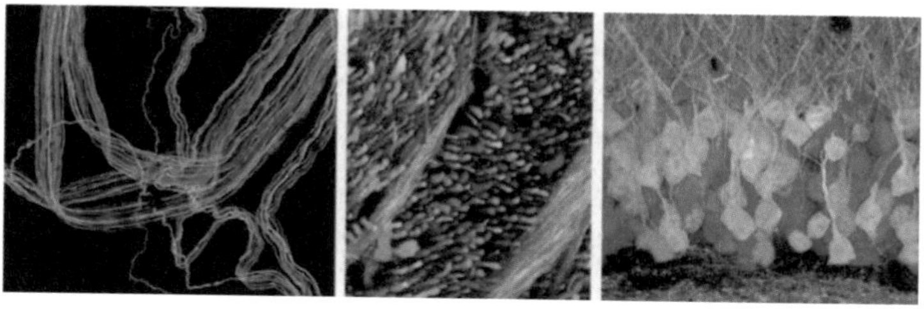

과학자들은 뇌 속의 신경세포를 염색해서 연구를 진행한다.

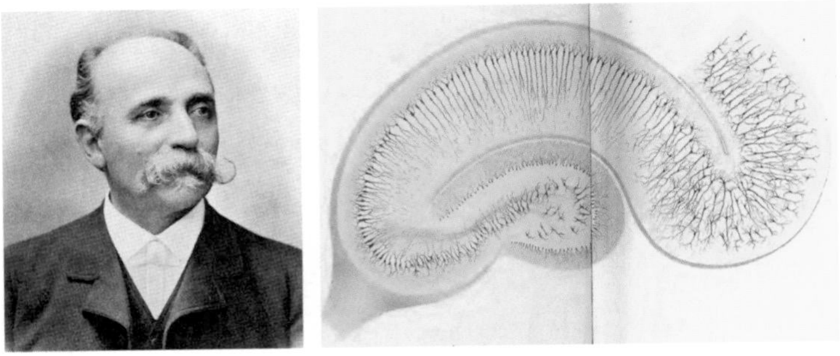

이탈리아의 해부학자이자 병리학자인 카밀로 골지는 최초로 세포 염색 방법을 발견했으며, 신경세포가 거미줄처럼 전부 연결되어 있다고 생각했다.

는 건 존재하지 않는다고 했습니다.

한편, 스페인에는 산티아고 라몬 이 카할Santiago Ramón y Cajal이라는 신경해부학자가 있었습니다. 카할 역시 골지의 염색 방법으로 세포를 염색했습니다. 당시의 연구는 현미경으로 들여다보고 그림을 그리는 식으로 이루어졌죠. 그런데 카할이 골지보다 그림을 좀 더 잘 그렸습니다. 카할은 원래 화가 지망생이었거든요. 카할이 그린 그림을 보면 세포들 모습에 조금씩 차이가 있었습니다. 이를 근거로 카할은 세포가 완전히 연결된 게 아니고 하나하나가 따로 존재한다고 주장합니다.

골지와 카할은 신경세포가 있네 없네 하면서 몇십 년 동안 논쟁을 벌였습니다. 공교롭게도, 두 사람은 1906년에 노벨 생리의학상을 공동으로 수상했습니다. 이때 생긴 유명한 에피소드가 하나

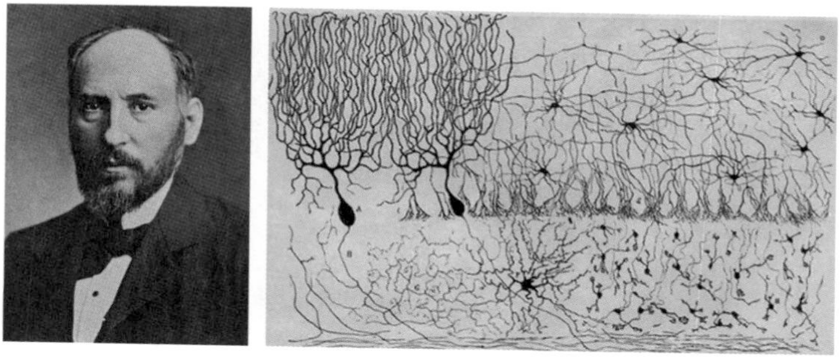

산티아고 라몬 이 카할은 골지의 염색 방법으로 세포를 염색했으며, 신경세포가 하나로 연결되어 있지 않고, 하나하나 따로따로 존재한다고 주장했다.

있는데, 골지가 노벨상을 받으면서 카할보고 사기꾼이라고 비난했거든요. 그만큼 두 사람 사이는 앙숙 관계였습니다. 그러면 역사는 누구의 손을 들어주었을까요? 카할의 손을 들어줍니다. 점점 현미경이 좋아졌거든요.

신경세포는 크게 세 부분으로 나눌 수 있습니다. 우선, 세포의 몸이 있습니다. 세포체라고 하죠. 세포체에는 세포핵nucleus, 골지 영역, 다양한 세포를 지탱하는 영역들이 있어요. 그다음에는 수상돌기dendrite(가지돌기)가 있습니다. 마치 나뭇가지처럼 생겼습니다. 이것들은 세포의 안테나라고 할 수 있어요. 이 안테나를 통해서 다양한 정보를 받아들이죠. 정보들은 하나로 합쳐진 다음에 대부분은 축삭axon이라는 살아 있는 전깃줄 하나를 타고 다른 신경세포로 전달됩니다. 여러 정보가 합쳐진 다음에 하나의 정보로

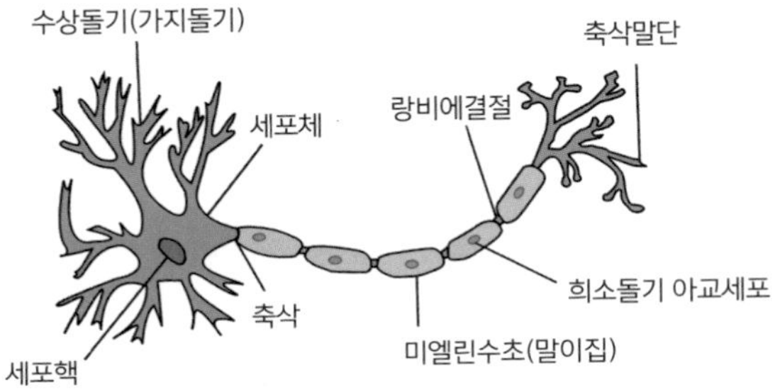

하나의 신경세포는 세포체, 수상돌기, 축삭 등으로 이루어졌으며, 시냅스를 통해 다른 신경세포에게 정보를 전달한다.

전달되는 게 기본 원리죠. 신경세포는 수천 개의 다른 신경세포들과 연결돼 있어요. 이렇게 신경세포와 신경세포가 연결되는 부위를 시냅스synapse라고 부릅니다. 한 신경세포가 다른 신경세포와 연결되는 시냅스는 1000~1만 개에 달합니다.

자, 그러면 어떻게 해서 이런 신경세포로 인간이 생각을 한다는 결론에 이르렀을까요? 다양한 실험을 통해서 알아낸 것들이 있습니다. 1930년~1940년 무렵, 신경세포에 전극electrode을 꽂아서 저항 또는 전기 상태가 어떤지 관찰해봤더니 신경세포의 내부와 외부에 전압 차이가 있다는 사실을 발견했습니다. 어떤 차이일까요? 신경세포 안쪽이 항상 바깥쪽보다 마이너스 상태였습니다. 신경세포 안쪽의 전위는 −65밀리볼트 정도됩니다. 이 상태를 '레스팅 퍼텐셜Resting potential' 또는 정지전위靜止電位라고 부릅니다. 다시 말해 아무 일도 일어나지 않을 때는 항상 −65밀리볼트를 유지

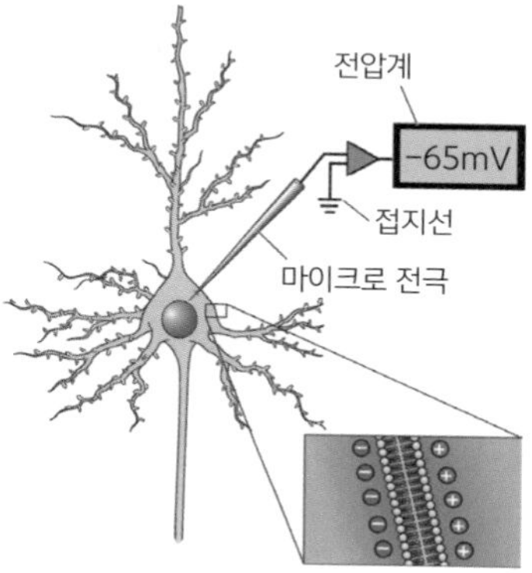

신경세포는 안쪽이 바깥쪽보다 전위가 낮으며, 안쪽 전위가 -65mV 정도 된다.

합니다. 만약 이 신경세포에 정보가 들어온다고 해보죠. 정보는 외부에서 들어오는 전기 자극입니다. 외부에서 전기 자극이 들어오면 어떤 일이 벌어질까요? −65밀리볼트였다가 전기 자극이 들어오면 안쪽의 퍼텐셜(혹은 전위)이 점점 올라가기 시작합니다. 처음에는 서서히 올라가다가 −40에서 −35밀리볼트를 넘어가면 갑자기 폭발하듯이 스파이크spike(혹은 활동전위)를 한 번 만들고 끝냅니다. 뇌 안의 정보를 처리하는 기본 단위를 스파이크라고 합니다. 사실, 뇌도 디지털 체계처럼 1, 0으로 되어 있습니다. −40밀리볼트의 경계를 넘으면 뇌 신호는 1이 나오고, 그렇지 않으면 0이 되는 거죠. 결국 뇌의 정보 처리는 외부에 있는 신호들이 많이 모여 내부의 신호가 특정 기준(−40밀리볼트)을 넘으면 스파이크라는 신호가 만들어진다는 원리를 바탕으로 하고 있습니다.

뇌를 맨눈으로 보면 세포가 보이지 않습니다. 그래서 뇌를 연구할 때 제일 먼저 하는 게 염색이에요. 교과서나 책에 나오는 신경세포 그림은 전부 염색한 겁니다. 말 그대로 잉크를 집어넣습니다. 세포에 잉크를 넣어야 세포 자체가 보이기 시작하죠. 다양한 염색 방법이 있습니다. 세포 하나하나를 다른 색깔로 염색할 수도 있으며, 신경세포들 간의 연결 상태까지 다 볼 수 있게 염색할 수도 있습니다.

Olga Rozanova, Non objective composition, 1916.

눈으로 들어오는 정보들

"It is only with the heart that one can see rightly; what is essential is invisible to the eye."

사람은 오로지 가슴으로만 올바로 볼 수 있다. 본질적인 것은 눈에 보이지 않는다.

— Antoine de Saint-Exupery

Kurt Schwitters, Merz Picture Thirty-One, 1920.

과학자들과 의사들은 시각 정보를 뇌의 뒤쪽에서 처리한다는 것을 예전부터 알고 있었습니다. 제1차 세계대전, 제2차 세계대전 등 전쟁이 벌어질 때마다 수많은 부상자가 생겼는데, 그중 뇌가 손상된 부상자들도 아주 많았습니다. 기이하게도 뇌를 다친 군인들에게서 온갖 문제가 발견되었죠. 어떤 사람은 갑자기 말을 못 해요. 총알이 옆머리에 박혀 있었죠. 어떤 사람은 앞이 안 보인대요. 뒷머리를 다친 부상자였어요. 어떤 사람은 성격이 완전히 바뀌었는데, 앞머리에 총상을 입은 부상자였어요. 이런 사례가 반복되니까 얼추 추정이 가능해졌습니다. 언어 기능은 뇌의 옆쪽에 있고, 시각 기능은 뒤쪽에 있구나, 하고 말이죠. 말하자면 프란츠 갈의 가설, 즉 뇌 영역마다 다른 기능을 한다는 주장이 대체로 맞은 셈입니다.

신경세포 내부에 전기 자극이 들어왔을 때 어느 순간 폭발적으로 전압이 치솟는 상태가 나타납니다. 이 상태를 스파이크라고 부릅니다. 스파이크가 시각 뇌 안에서 정보를 처리하는 기본 단위라고 여기게 된 것은 스티븐 커플러Stephen W. Kuffler, 데이비드 휴벨David H. Hubel, 토르스텐 비셀Torsten N. Wiesel 같은 과학자들의 실험 덕분입니다.

20세기 중반에 이들 과학자들은 토끼나 고양이 뇌를 가지고 실험을 했습니다. 동물의 뇌에 전극을 꽂은 다음 뭔가를 보여줬죠. 처음에는 예측했던 것과 달리 동물이 좋아할 만한 것들을 보여줘

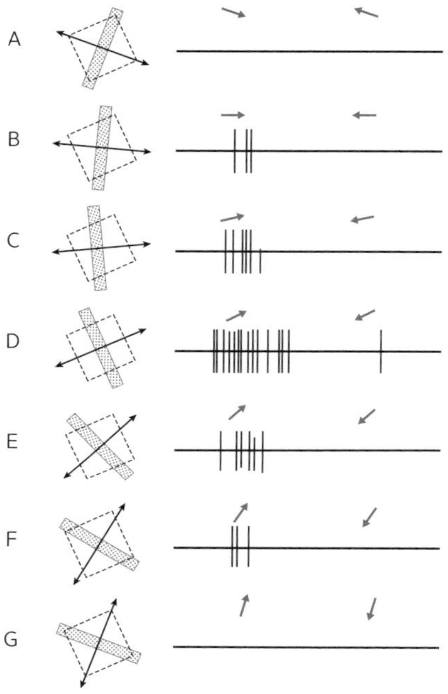

위 그림에서 세로선은 스파이크 하나를 뜻한다.

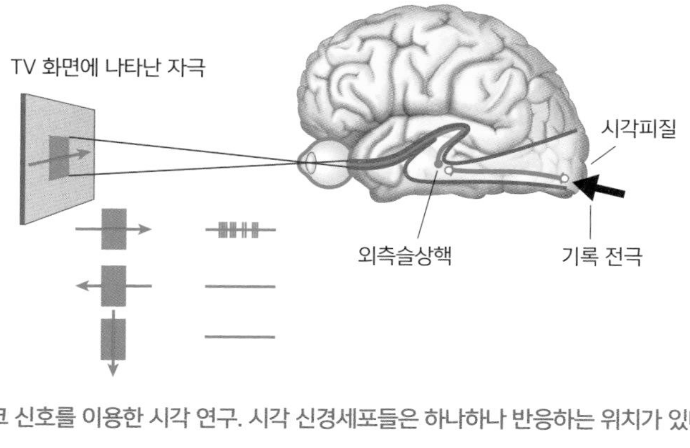

스파이크 신호를 이용한 시각 연구. 시각 신경세포들은 하나하나 반응하는 위치가 있다.

도 스파이크 신호가 전혀 나오지 않았습니다. 그러다가 우연히 스파이크 신호를 발견하게 되었습니다.

어느 날 평소처럼 실험 동물에게 슬라이드로 물건을 보여주는데, 마침 슬라이드 영사기가 고장 난 상황이었습니다. 슬라이드가 영사기에 삐딱하게 들어간 거예요. 화면이 비스듬하게 기울어져 각도가 생겼겠죠. 그러자 실험 동물의 뇌가 반응하기 시작했어요. 드디어 몇 년 만에 스파이크 신호가 나타난 겁니다. 다시 반복하니까 특정 각도일 때에만 반응을 나타냈어요. 슬라이드 각도를 조금 달리했더니 다시 아무 반응이 없었습니다. 이것은 무슨 의미일까요? 시각 신경세포들은 시야에 있는 모든 위치에 반응하는 게 아니고 신경세포 하나하나마다 반응하는 위치가 있다는 뜻이에요. 다시 말해 뇌에 있는 세포마다 담당하는 픽셀pixel이 존재한다는 겁니다. 그 픽셀 크기는 대략 1도라고 알려져 있습니다. 1도는 어른이 팔을 뻗었을 때 보이는 엄지손톱만 한 크기예요. 그러니까 여러분의 각 시각 신경세포가 보는 세상은 딱 그 정도 크기입니다. 사실 상당히 큰 거예요. 170도 정도 되는 시야각에서 신경세포 하나는 엄지손톱 크기만큼만 보고 있다는 말이죠. 그 범위 안에서 어떤 일이 벌어지는지 보다가 좋아하는 게 나오면 반응하는 것입니다.

왼쪽의 위 그림을 보면, 빛의 각도를 10도 정도로 하면(A) 아무 반응이 없습니다. 그런데 90도에 가까워지니(B) 조금씩 반응이 생

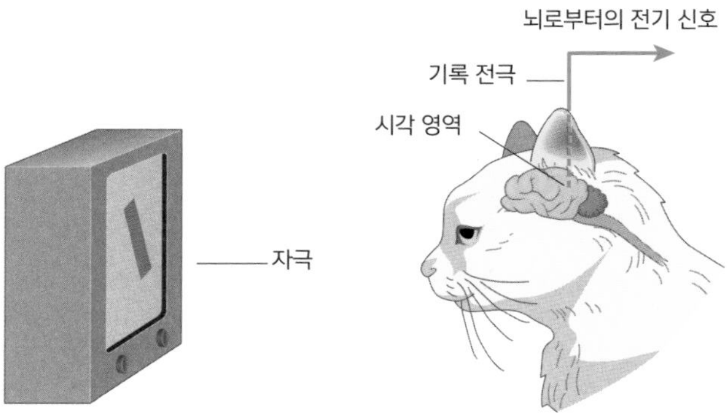

휴벨과 비셀은 고양이 뇌에 전극을 꽂은 다음 실험할 때 나타나는 스파이크 신호를 이용하여 시각을 연구했다.

겨요. 더 돌리니까(C, D) 반응이 좀 더 일어나고 점점 반응의 강도가 커져요. 계속 돌리면(E, F) 계속 반응이 줄어들고, 더 돌리니까(G) 반응이 없어졌습니다. 이런 실험을 계속 반복해서 알아내는 방법이 바로 레이트 코딩Rate Coding이라는 방법이에요. 특히 시각 신경세포의 스파이크 자체는 디지털 신호이기 때문에 스파이크 크기로는 정보를 코딩할 수 없습니다. 항상 똑같아요. 대신 1초에 스파이크가 몇 번 일어나느냐 하는 빈도frequency를 가지고 코딩하는 겁니다. 처음에 어두우면 스파이크가 하나도 안 나오다가 빛이 약하게 들어오면 스파이크가 듬성듬성, 아주 밝아지면 아주 촘촘하게 일어난다는 거예요. 자, 실험을 통해 스파이크를 하나하나 관찰해야 하는데, 1950년대만 해도 이걸 관찰할 만한 방법이 별로 없었어요.

휴벨과 비셀은 스파이크를 소리로 전환시키는 방법을 사용했습니다. 고양이에게 화면으로 물건을 보여주고 전극으로 반응을 측정한다는 점은 동일합니다. 그런데 스파이크가 일어날 때마다 스피커를 통해 '딱!' 소리가 나오게 했습니다. '딱딱딱딱' 소리가 나면 신경세포에서 스파이크가 일어나는 겁니다. 두 사람은 이 연구 업적으로 1981년에 노벨 생리의학상을 받습니다.

저 역시 1990년도 박사학위 연구 시절 이런 식으로 실험하면서 데이터를 얻었습니다. 화면을 통해 동물에게 뭘 보여주고, 스파이크 소리를 들으면서 이 신경세포는 이런 영역에 반응하는구나, 크기를 바꿔주면 여기도 반응을 하는구나 등등 이런 식으로 몇 년 동안 어렵게 실험하는 겁니다.

사람의 뇌에 전극을 꽂아 관찰할 수도 있습니다. UCLA의 이츠하크 프리드Itzhak Fried 교수가 많이 사용한 실험 방법입니다. 볼을 꼬집으면 아프죠? 감각 센서가 있어서 그렇습니다. 그런데 유일하게 감각 센서가 없는 곳이 뇌 표면입니다. 뇌는 손으로 만져도 감각이 없고, 가위로 잘라도 통증을 느끼지 못해요. 마취는 두개골을 열기 때문에 하는 겁니다. 뇌 수술을 할 때 마취한 상태에서 두개골을 열고 환자를 깨우는 경우가 있습니다. 깨우는 이유가 뭘까요? 예를 들어 뇌에 암이 있다고 해보죠. 암이 생긴 부위를 잘라내야 합니다. 그런데 해당 부위가 어떤 기능을 하는지

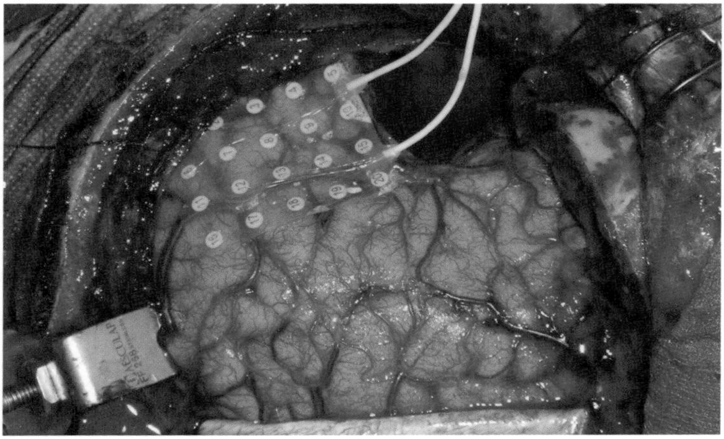

과학자들은 뇌에 전극을 꽂아 실험을 진행하기도 한다.

잘 몰라요. 어쩌면 그곳이 굉장히 중요한 기능을 하는 영역일 수도 있잖아요? 잘 모르고 잘라내면 안 되니까 먼저 그 영역이 뭘 하는지 알아내야 하죠. 이때 이렇게 전극을 꽂아놓고 환자를 깨운 다음에 실험을 해볼 수가 있습니다. 통증을 느끼지 않기 때문에 아무 문제가 없습니다.

이런 실험을 하다 보면 신기한 현상이 나타나는 경우도 많습니다. 어떤 사람의 경우 전두엽(이마엽) 근처의 어느 영역에서는 특정 인물, 예컨대 미국 여배우 제니퍼 애니스톤Jennifer J. Aniston에게만 반응이 일어났어요. 어떤 신경세포는 백악관만 보면 반응을 했어요. 신기한 현상은 더 있습니다. 또 다른 어떤 사람은 몇몇 신경세포를 자극했을 때 느닷없이 〈스타워즈Star Wars〉에 나오는 '다스 베이더'가 보인다고 했습니다. 어떤 사람은 자극을 주니까 갑자기 비틀스 노래가 들린다고 했어요. 그러면 뇌에 어떤 버튼이라도 달려 있어서 그걸 누르면 정보가 툭 튀어나오는 걸까요? 그렇지 않습니다. 예컨대 백악관에 관한 정보 자체가 특정 신경세포에 들어 있을 리 없습니다. 만약 그렇다면 그 세포가 망가지면 다른 건 다 알아봐도 백악관만 못 알아본다는 얘기인데……. 그럴 일은 없습니다. 컴퓨터 키보드에서 A를 누르면 모니터에 A가 뜹니다. 그렇다고 해서 A라는 정보가 키보드 안에 들어 있는 건 아니잖아요? A를 모니터에 띄우는 기능은 다른 데 있지만 키보드를 누름으로써 다양한 후속 작용이 일어나면서 A라는 글자가 보이는 겁니다. 이런 식으로, 백악관과 관련된 정보가 신경세포에 저장된 게 아니고, 정보가 그 신경세포를 거쳐 지나가는 것으로 추정하고 있습니다. 뇌에 전기 자극을 주는 실험을 통해서 상당히 많은 사실이 밝혀진 것이죠.

이제, 사람이 세상을 인식하는 과정을 간략하게 살펴보겠습니다. 어떤 물체가 하나 있습니다. 눈으로 그것을 보면 물체의 상이 망막에 맺히고, 망막에 있는 다양한 신경세포가 빛 에너지를 전기 에너지로 바꿔줍니다. 전기 에너지로 바뀐 다음에 관련 정보가 스파이크를 일으켜 축삭이라는 전깃줄을 타고 뇌로 전달됩니다.

자, 그런데 눈을 통해 들어온 시각 정보를 처리하는 영역이 왜

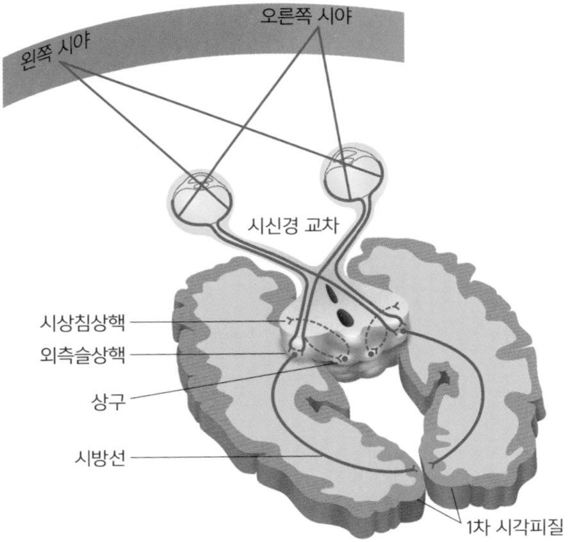

오른쪽 시야의 정보는 왼쪽 뇌로 가고, 왼쪽 시야의 정보는 오른쪽 뇌로 간다.

뇌의 뒤쪽에 있을까요? 진화 과정에서 뭔가 이유가 있었을 겁니다. 위 그림의 중간쯤을 보면, 망막에서 오는 신호의 경우, 바깥쪽의 신호는 같은 쪽 뇌로 갑니다. 즉 왼쪽에서 온 신호는 왼쪽 뇌로 가고 오른쪽에서 오는 신호는 오른쪽 뇌로 갑니다. 그런데 안쪽으로 오는 신호는 시신경 교차optic chiasm를 통해서 반대 방향으로 가죠. 오른쪽 눈으로 보는 것은 좌뇌에 매핑mapping되고 왼쪽 눈으로 보는 것은 우뇌에 매핑됩니다. 모든 동물이 그렇습니다. 보이는 것뿐 아니라 몸에 있는 모든 기능이 반대로 매핑된다고 알려져 있습니다. 왼손은 우뇌가 컨트롤하고 오른손은 좌뇌가 컨트롤하죠. 왜 그럴까요? 그 이유는 아무도 모릅니다.

눈으로 들어오는 시각 정보는 한 가지가 아닙니다. 아래 그림에서는, 왼쪽이 뇌의 앞부분이고 오른쪽이 뇌의 뒷부분입니다. 뇌 영역의 3분의 1 정도가 시각 정보를 처리하는 데 사용됩니다. 지금 몇 가지만 그림으로 표현되어 있지만, 실제 시각 영역은 스물다섯 개로 나뉘어 있습니다. 우리가 어떤 대상을 보면 그게 한꺼번에 보이잖아요? 지금 여러분이 저를 보면 그냥 보이죠. 그런데 실제로는 어떤 정보가 망막을 통해서 첫 번째 시각 뇌로 들어온 다음에는 이 정보가 다 흩어지기 시작합니다. 어느 영역에서는 형태만 분석해요. 다른 영역에서는 색깔만 분석하고, 또 다른 영역

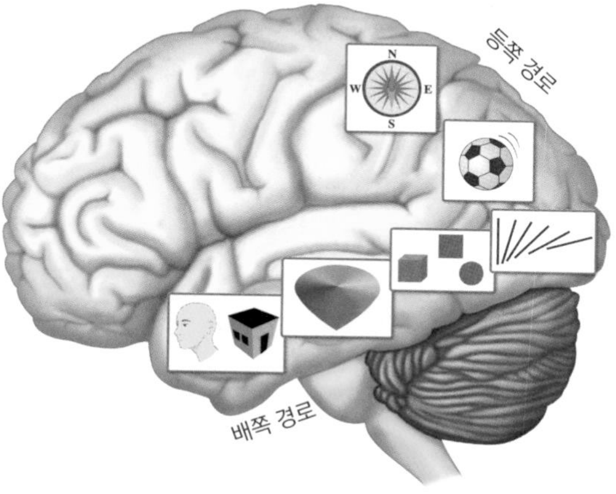

뇌 영역의 3분의 1 정도가 시각 정보를 처리하는 데 사용된다.

은 움직임만 분석합니다. 그 밖에 다른 영역들도 다 자기 고유 기능을 갖고 있습니다. 동일한 시각 정보가 뇌 안으로 들어오는 순간 스물다섯 개의 축axis, 즉 25차원으로 나뉜다는 거예요. 그러니까 색깔 따로 보고, 형태 따로 보고, 입체감 따로 보고, 움직임 따로 보고 하는 거죠.

그렇다면 우리는 올리버 색스Oliver Sacks의 책에 많이 나오곤 하는 재미있는 질문들을 던져볼 수 있습니다. 만약 뇌졸중이나 암 때문에 색을 관장하는 영역이 망가졌다고 하면 어떤 일이 벌어질까요? 그러면 갑자기 세상의 색깔이 사라지고 다 흑백으로 보입니다. 형태 영역이 손상됐다면 색깔은 다 보이는데 형태를 보지 못해요. 입체감 영역을 다치면 모든 물체가 2차원으로 보입니다. 그리고 움직임에 반응하는 MTMiddle Temporal visual area라는 영역이 망가지면 세상이 사진으로 보입니다. 지금 우리 눈엔 세상이 동영상으로 보이잖아요? MT 영역이 손상된 사람은 세상이 동영상처럼 장면 장면이 연결되지 않고 스틸 사진처럼 보인다고 해요. 곰곰이 생각해보면 그 환자 말에도 일리가 있어요. 영화라는 게 사실 정지된 사진을 1초에 스물네 장 보여주는 거잖아요? 움직이지 않는 대상을 1초에 스물네 번 보여주니까, 이것들이 연결되어 마치 움직이는 듯한 착시 현상이 일어나는 겁니다. 그러니까 사실, 우리도 세상을 한 장 한 장 본다는 거예요. 한 장씩 보되 MT 영역에서 합쳐진다고 추정할 수 있습니다.

색을 관장하는 뇌 영역이 망가지면 세상의 색깔이 사라지고 다 흑백으로 보인다.

이런 시각 영역의 가장 끝에는 FFA Fusiform Face Area라고 불리는 얼굴을 알아보는 영역이 있습니다. 이곳이 망가지면 '안면실인증 顔面失認症, prosopagnosia', 흔히들 말하는 '안면인식장애'가 생겨요. 다른 건 다 알아보는데 얼굴만 알아보지 못합니다.

시각 영역은 이렇게 다양하게 나뉘어 있지만 우리는 세상을 합쳐진 상태로 봅니다. 시각 정보가 이렇게 나뉘었으니 어딘가 합쳐지는 곳이 있을 것 같지 않나요? 하지만 아무리 찾아봐도 합쳐지는 영역이 없었습니다. 그냥 흩어진 채 끝나요. 뇌 안에 있는 세상은 흩어진 상태로 끝나는데, 우리 눈에 펼쳐지는 세상은 왜 합쳐져서 보이는 걸까요? 이것은 뇌과학의 미스터리 중에 하나입니다.

뇌과학에서는 눈에 보이는 세상과 내 머리 안에 보이는 세상을 구별합니다. '바깥에서 들어오는 정보'를 인식하는 과정을 감각sensation이라고 하죠. 그건 진짜 물리적으로 들어오는 거예요. 그리고 다 관찰할 수 있습니다. 그리고, 감각기관을 통해 외부를 인식하는 것을 지각perception이라고 부릅니다. 대개 퀄리아qualia라고도 합니다. 우리가 대상을 바라볼 때의 주관적 체험, 예컨대 빨간 장미를 지각할 때의 주관적 느낌이나 레오나르도 다빈치의 모나리자를 볼 때의 느낌처럼, 말로 표현하기 어렵고 객관적으로 계량하기 어려운 주관적인 체험을 '퀄리아'라고 합니다. 감각은 과학적으로 측정할 수 있지만, 지각 또는 퀄리아는 과학적으로 측정할 수 없습니다. 즉 우리는 타인이 어떻게 보는지 알 수 없어요. 제 눈에는 제가 보는 세상만 들어옵니다. 여러분이 보는 세상을 제 눈으로 볼 수는 없잖아요? 여러분의 뇌를 관찰하면 감각(센세이션)은 알아낼 수 있습니다. 신경세포들이 언제, 무엇에, 어떻게 반응하는지 말입니다. 그런데 그게 정말 여러분 눈에 보이는지는 제가 알 수 없어요. 여러분이 보인다고 하니까 그러려니 그냥 믿는 거예요. 의식이나 영혼, 정신도 마찬가지입니다. 정신은 내면적인 속성이기 때문에 자기 자신만 느낄 수 있습니다.

우리는 타인이 어떻게 보는지
알 수 없어요. 제 눈에는
제가 보는 세상만 들어옵니다.
여러분이 보는 세상을
제 눈으로 볼 수는 없잖아요?
여러분의 뇌를 관찰하면
감각(센세이션)은 알아낼 수
있습니다. 신경세포들이 언제,
무엇에, 어떻게 반응하는지
말입니다. 그런데 그게 정말
여러분 눈에 보이는지는
제가 알 수 없어요.

Claude Monet, Wisteria, c. 1925.

영역마다 다른 뇌 기능

"Everyone is the other and no one is himself."

모두가 타인이고, 그 누구도 그 자신이 아니다.

— Martin Heidegger, *Being and Time*

Kurt Schwitters, Merz 460. Two Underdrawers, 1921.

뇌에는 다양한 기능을 가진 영역이 있고 비슷한 영역끼리 모여 있습니다. 뇌의 특정 영역에 전극을 꽂은 다음 손가락이나 발가락, 무릎 등을 꼬집으면 각 신체 부위에 해당하는 영역에서 스파이크가 일어납니다. 그래서 반응이 일어나는 해당 부위를 뇌에 표시해보면 사람의 신체 부위가 마치 지도같이 표현됩니다. 이 지도를 호문쿨루스homunculus라고 하는데, 특이한 점이 몇 가지 있습니다.

첫째, 호문쿨루스에 표시되는 영역의 크기는 신체 부위의 실제 크기와는 별로 상관이 없습니다. 얼굴과 손은 무척 크고, 발가락은 아주 작게 표현되어 있죠. 즉 신체 부위와 일대일로 대응하는 게 아니고 기능적으로 중요한 영역들은 훨씬 더 크게 표현되어 있습니다.

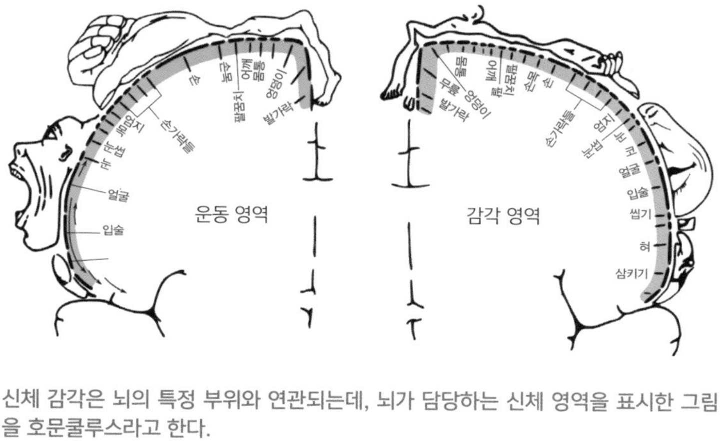

신체 감각은 뇌의 특정 부위와 연관되는데, 뇌가 담당하는 신체 영역을 표시한 그림을 호문쿨루스라고 한다.

피니어스 게이지는 쇠막대가 두개골을 관통하는 사고를 당한 후, 성격이 완전히 변해, 손상된 뇌 부위인 전두엽의 기능에 대한 단서를 제공했다.

둘째, 신체 부위의 위치와 호문쿨루스 영역의 위치가 다르다는 걸 알 수 있습니다. 예를 들어, 뇌에서는 손가락과 이마가 바로 옆에 붙어 있어요. 실제와 다르죠. 그런데 머리가 아플 때 손가락을 꾹꾹 눌러주면 통증이 가라앉기도 합니다. 지압이나 침술도 이런 원리 아닐까 싶어요.

대부분의 동물도 마찬가지입니다. 기능적으로 중요한 영역들이 훨씬 더 크게 나타납니다. 가령, 쥐는 눈이 아니라 콧수염으로 세상을 파악합니다. 어두운 데서 살다 보니 콧수염이 발달했죠. 특히 이 콧수염을 뇌 지도에 나타내면 뇌 전체의 3분의 1가량 차지합니다. 이는 쥐에게 콧수염이 그만큼 민감하고 중요하다는 것을 의미합니다. 인간은 시각 영역이 뇌에서 3분의 1을 차지합니다. 이는 인간에게는 시각이 그만큼 중요하다는 얘기겠죠. 백문불여일견百聞不如一見이라고 하잖아요? 영장류한테는 시각이 압도적으로 중요합니다.

피니어스 게이지Phineas Gage는 다들 한 번쯤 들어보았을 이름일 겁니다. 그는 19세기에 미국 버몬트주의 철도 공사장에서 일하던 사람이었어요. 어느 날 공사장에서 일하는데 다이너마이트가 폭발해 1미터 넘는 쇠막대가 게이지의 머리를 관통했습니다. 다행히 생명에는 지장이 없었습니다. 그런데 신기한 건 몸이 다 나았는데 성격이 180도 변한 거예요. 술을 입에도 안 대던 사람이 술을 마시기 시작하고, 일도 안 하려고 하고, 참을성 없고 변덕이

심한 사람으로 바뀌었습니다. 주변 사람들도 기존에 알던 피니어스 게이지가 아니라고 했죠. 게이지는 뇌의 앞부분, 그러니까 전두엽이 심하게 손상된 사람이었습니다. 전쟁 부상자들의 사례를 봐도 전두엽을 다치면 성격이 확 달라졌습니다. 그래서 사람들은 이 사례를 통해 성격이 전두엽과 관련 있다는 걸 알게 됐습니다. 성격이라는 게 상당히 다양한 원인으로 형성될 것 같지 않나요? 유전, 환경, 교육, 친구…… 이런 게 다 합쳐져서 성격을 형성할 것 같은데 사실 그렇지 않아요. 여러분의 전두엽에 있는 신경세포를 몇백 개, 몇천 개만 망가뜨리면 갑자기 다른 사람이 됩니다.

제가 미국에 있을 때 겪었던 일입니다. 알고 지내던 판사 한 분이 자신이 다뤘던 사건을 설명해주었습니다. 예전에 뉴욕에서 있었던 일이래요. 평생 죄 안 짓고 대형 은행에서 근무하던 어느 임원이 어느 날 갑자기 자기 아내를 죽였습니다. 이 사람이 왜 이런 짓을 했을까, 하고 세상이 떠들썩해졌어요. 그런데 그 임원의 전두엽에 본인도 모르게 암이 발생했다는 사실을 변호사가 알게 됐어요. 변호사는 게이지의 사례를 들어 변론을 했습니다. 임원은 자신의 자유의지로 살인한 게 아니고 그 모든 것이 병적인 행동이었다고 말이죠. 전두엽 손상을 근거로 들었는데, 당시 판사는 그걸 인정하지 않았습니다. 이유인즉, 영미법은 계몽주의 시대에 만들어진 건데, 계몽주의에서는 인간에게 자유의지가 있다고 하거든요. 자유의지가 있는 사람은 자기 행동에 스스로 책임져야 하는데 신경세포가 책임질 수는 없지 않겠느냐는 하는 시각이었던 거죠. 이런 식으로 자신의 책임을 신경세포에 전가하기 시작했다간 큰일 난다는 것입니다. 예를 들어, 제가 교통신호를 어겨 경찰한테 잡혔는데 이렇게 얘기할 수 있다는 거죠. "아, 죄송합니다. 오늘 제 전두엽 신경세포 254번이 제대로 작동하지 않았습니다."

실제로 우리 현실에서도 이런 일이 벌어지고 있습니다. 지난 2015년에는 우리나라 법원이 처음으로 살인 사건 피의자의 뇌 영상 자료를 재판에 활용했습니다. 피의자의 뇌를 MRI와 fMRI로 촬영한 거죠.

그러면 전두엽에서 어떤 일이 벌어지는지 MRI로 어떻게 알아볼 수 있을까요? 어떤 식으로 할까요? 저도 미국에서 좀 해봤습니다. MRI 촬영을 허락한 학생들에게 사진들을 보여줍니다. 평범한 사진과 좀 징그럽거나 잔인한 사진을 보여주죠. 학생들은 대부분 끔찍한 사진에 거부감을 나타냅니다. MRI로 다 볼 수 있습니다. 그런데 가끔가다 잔인한 걸 좋아하는 학생들이 있습니다. 자, 도덕적인 딜레마가 발생하는 지점이 바로 여기예요. 사이코패스는 그런 잔인한 장면을 볼 때 행복지수가 높아진다고 흔히들 생각하죠. 그러나 이 학생들은 아직 아무 짓도 하지 않았습니다. 잔인한 걸 좋아한다고 해서 반드시 사이코패스가 된다는 법은 없어요. 다만 그렇게 될 확률이 높다는 거죠. 하지만 확률이 높다고 해서 나쁜 짓을 저지르지도 않았는데 감옥에 집어넣을 수는 없잖

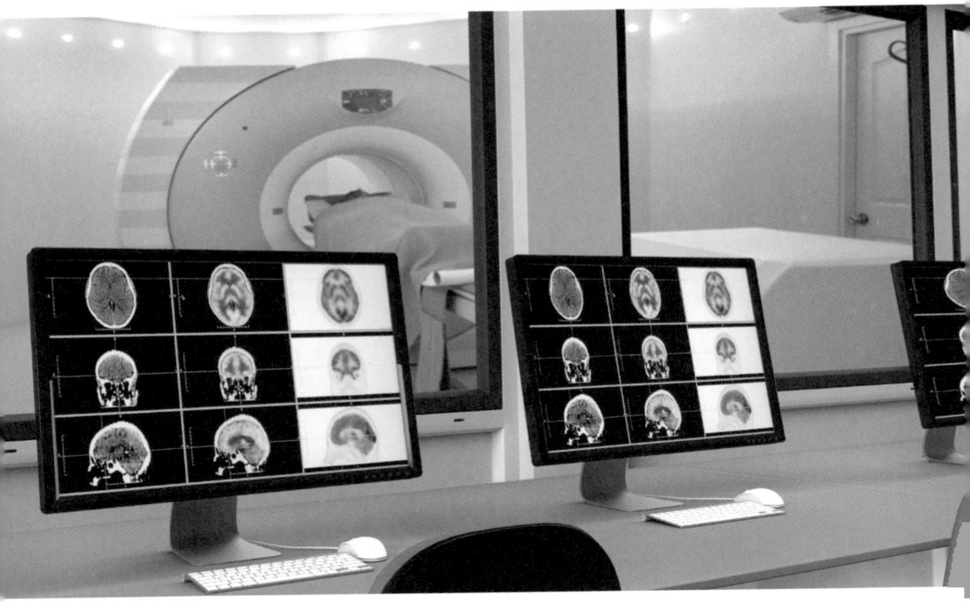

뇌를 관찰하는 방법은 다양한데, 그중 CT와 MRI가 가장 대표적이다.

아요? 범죄의 증거를 찾으려면 영장이 필요합니다. 모든 영장은 일시, 장소 등의 범위가 명확히 정해져 있어야 합니다.

그러면 피의자의 뇌 영상을 촬영할 때 전두엽만 봐야 될까요, 아니면 뇌 전체를 봐야 할까요? 뇌의 한 영역은 모듈처럼 그냥 혼자 작동하는 게 아니고 다양한 영역들이 함께 일을 합니다. 무슨 얘기냐 하면, 정신적으로 문제가 있는 게 전두엽이 망가졌기 때문일 수도 있지만 다른 부위가 그 원인일 수도 있거든요.

뇌를 관찰하는 방법도 여러 가지입니다. 현미경으로 볼 수도 있고, 뇌파(EEG) 검사로도 가능하고, 전기생리학electrophysiology으로 볼 수도 있고…… 다양한 방법이 있습니다. 다들 장단점이 있습니다. 뭐니뭐니 해도 뇌에 전극을 꽂고 스파이크를 탐지하는 게 가장 좋은 방법인데, 이 방법은 수술을 해야 합니다. 아무리 흉악한 범죄자라 해도 그 사람의 두개골을 함부로 열어 전극을 꽂을 수는 없어요. 그렇다면 수술 없이 뇌의 기능을 볼 수 있는 방법이 필요하겠죠. 그 방법이 MRI입니다.

뇌에는 다양한 기능을 가진 영역이 있고 비슷한 영역끼리 모여 있습니다. 뇌의 특정 영역에 전극을 꽂은 다음 손가락이나 발가락, 무릎 등을 꼬집으면 각 신체 부위에 해당하는 영역에서 스파이크가 일어납니다. 그래서 반응이 일어나는 해당 부위를 뇌에 표시해보면 사람의 신체 부위가 마치 지도같이 표현됩니다.

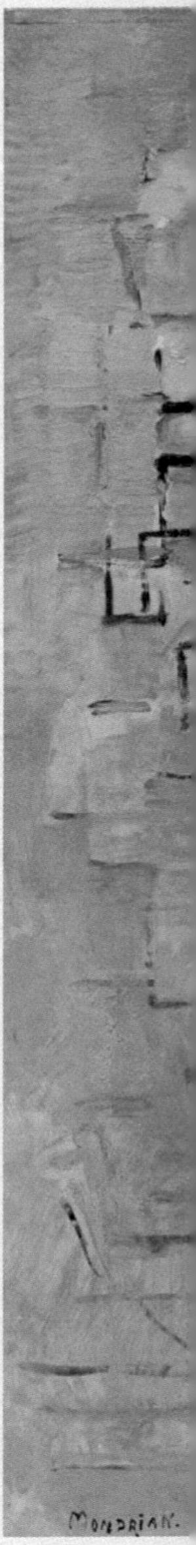

Piet Mondrian, Taleau No. 2/Composition NO. VII, 1913.

움직이는 것들의 흔적을 좇아

"The real voyage of discovery consists in having new eyes."

진정한 탐험은 새로운 눈으로 여행하는 것이다.

— Marcel Proust

Kurt Schwitters, Relief with red segment, 1927.

MRI는 해상도가 그렇게 좋지도 않고 속도도 떨어지긴 하지만 비침습적으로, 다시 말해 외과적 수술을 하지 않아도 뇌 안에서 어떤 일이 벌어지는지 알아낼 수 있습니다.

아래 사진은 MRI로 찍은 뇌 사진입니다. 그냥 엑스레이 같은 겁니다. 컴퓨터가 발달하면서 MRI 기술 역시 더욱 좋아지고 있습니다. 두개골 속의 뇌만 따로 뽑아낼 수도 있고, 쭈그러진 뇌를 펼친 상태로도 볼 수 있어요.

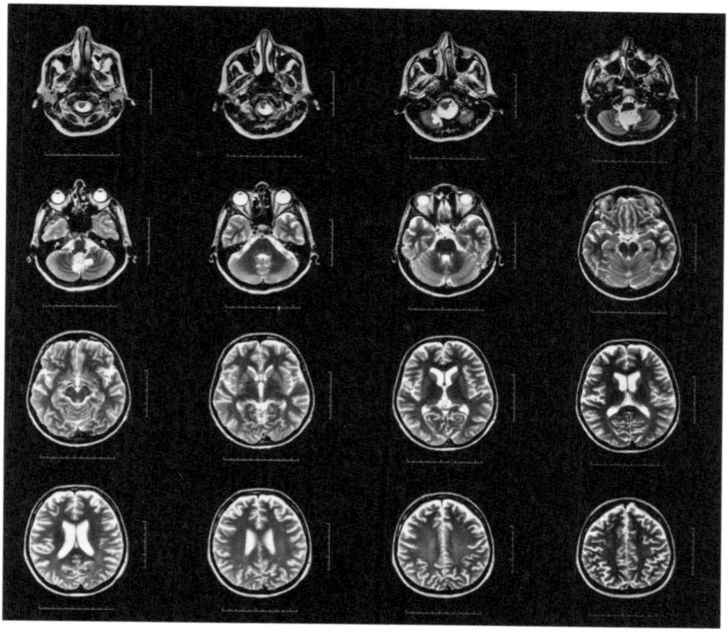

MRI, 즉 자기공명영상(핵자기공명컴퓨터단층촬영)은 고주파로 인한 인체의 수소 원자핵의 공명 현상을 신호로 만들어 영상화시킨 것이다.

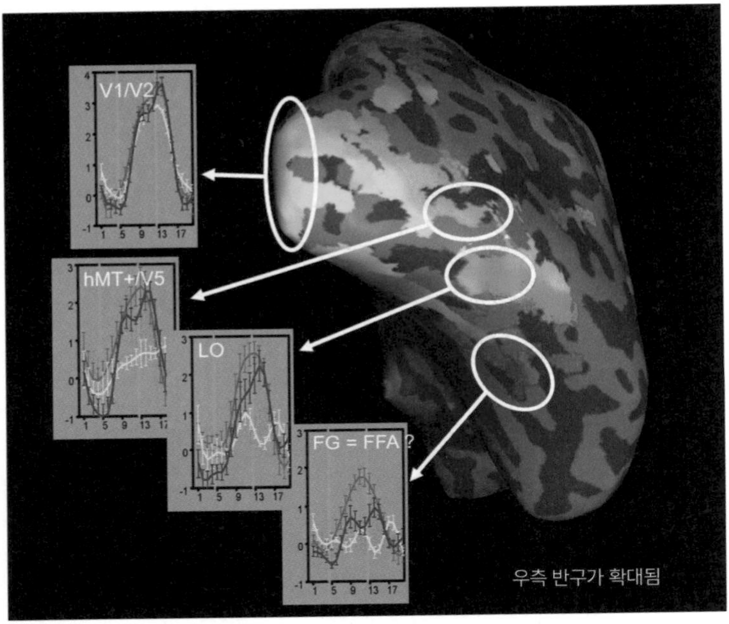

fMRI는 MRI에 여러 가지 기능이 추가된 기능적 자기공명영상이다.

그러면 fMRI는 뭘까요? MRI에 'f', 그러니까 'functional(기능성)'이라는 말이 추가됐습니다. MRI에 여러 가지 기능이 추가된 거예요. 위 사진에서는, 전면에 보이는 부분이 뇌의 뒤쪽입니다. 어떤 물건을 보여주면 노란색으로 표시된 영역에서 반응을 나타내고, 다른 물건을 보여주니까 붉은색으로 표시된 영역에서 반응을 나타내는구나, 하고 알 수가 있습니다. 그래프까지 제공됩니다. 이런 식으로 하면, 예전에 하나하나 손으로 그려가면서 30년 걸려

얻어낸 정보를 단 10분 만에 얻을 수 있습니다. 무엇보다도 수술을 안 하니까, 동물이나 환자가 아닌 정상인의 뇌도 들여다볼 수 있습니다.

이처럼 fMRI로 측정을 하면 다양한 결과들을 얻을 수 있습니다. 뇌의 뒷부분은 시각에 반응하고, 뇌의 옆부분은 청각에 반응합니다. 소리에만 반응을 보인다는 것을 한 10분 안에 알아낼 수 있습니다. 정말 편한 방법이죠. 편하다 보니 다소 악용되는 경우도 있습니다. fMRI로 볼 수 없는 것들을 볼 수 있다고 속이는 거죠.

예전에 KBS에서 방송된 〈브레인〉(2011)이라는 메디컬 드라마를 보았는데, 그 드라마에서 김상철 교수가 MRI 모니터를 보고는 주인공 윤지혜가 사랑에 빠졌다고 얘기하는 장면이 나옵니다. 사랑에 빠지면 빛나는 영역이 있는데 그곳이 밝게 빛나고 있다고 하면서요. 말도 안 되는 장면입니다. 사랑의 영역이라는 건 없습니다. 이런 식으로 얘기하면 200년 전 프란츠 갈의 시대로 돌아가는 것입니다. 이 장면을 보고 제가 얼마나 웃었다고요. 드라마를 보면, 주인공이 좋아하는 사람을 떠올렸을 때 화면이 밝아지기 시작합니다. 사랑의 영역이 점점 커진다는 설정이죠. 비과학적인 설정입니다.

자, fMRI는 도대체 어떤 원리로 작동할까요? fMRI는 스파이크를 보는 게 아닙니다. 스파이크는 뇌 수술 없이는 볼 수가 없습

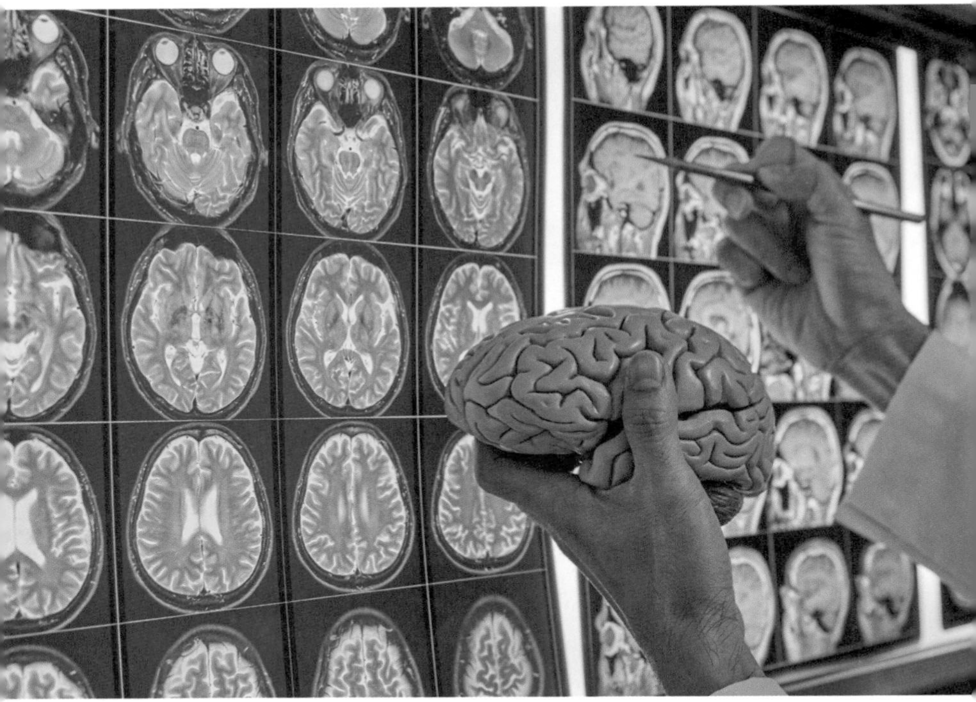

니다. fMRI가 보는 건 바로 혈류입니다. 제가 지금 운동을 한다고 해보죠. 당연히 세포들이 활동을 많이 하겠죠? 에너지를 많이 소모할 겁니다. 에너지를 많이 소모하면 배가 고파집니다. 에너지를 보충해야 한다는 얘기죠. 자, 그럼 이때 우리 몸은 두 가지 일을 하려고 합니다. 첫째, 에너지가 될 만한 뭔가를 섭취하고, 둘째, 섭취한 포도당glucose을 연소시킵니다. 성분으로 따지면 에너지는 결국 포도당이죠. 연소시킨다는 건 태운다는 얘기입니다. 태우기 위해서는 산소가 필요합니다. 에너지를 만드는 모든 과정에는 산소가 필요합니다. 뇌도 똑같습니다. 신경세포에서 스파이크를 만들어내는 데 많은 에너지가 사용됩니다. 에너지를 많이 썼으니 보충해야겠죠? 이제 포도당이 필요합니다. 포도당을 만들려면 산소가 있어야 하죠. 산소는 어디에 있나요? 당연히 공기에 있죠. 사람이 호흡을 하면 공기 중의 산소가 허파를 거쳐 심장으로 들어갑니다. 그 산소는 혈액의 헤모글로빈에 얹혀서, 그러니까 산소라는 손님은 헤모글로빈이라는 택시에 타서 혈관을 따라 움직입니다. 이런 식으로 산소를 실은 혈액이 뇌에도 공급되죠. MRI는 스파이크를 보는 게 아니에요. 뇌가 활성화되면 혈류가 변합니다. 활성화된 쪽으로 피가 더 많이 몰리죠. MRI는 이런 피의 흐름을 관찰합니다.

스파이크가 많이 일어나면 피가 더 많이 몰린다는 것을 누가 발견했을까요? 1870년 무렵 안젤로 모소Angelo Mosso라는 이탈리

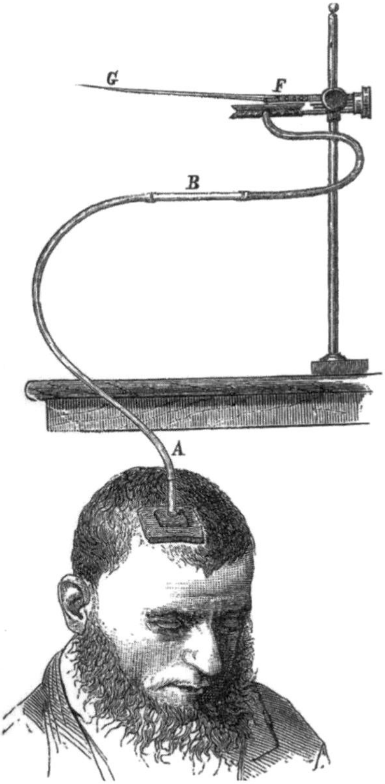

이탈리아 의사 안젤로 모소는 뇌가 활성화된 쪽으로 피가 더 많이 몰린다는 것을 발견했다.

아 의사는 머리가 심하게 다친 환자를 관찰하다가 스파이크와 혈류와의 연관성을 발견했습니다.

어느 날 두개골이 깨진 농부가 모소의 병원에 실려 왔습니다. 뇌가 다 보일 정도로 상처가 심했습니다. 모소가 상처 부위를 자세히 들여다보니 뇌가 숨 쉬듯 올라갔다 내려갔다 하는 거예요. 심장 박동이 전달돼서 환자의 뇌가 올라갔다 내려갔다 했던 것입니다. 왜냐하면 머리 안쪽은 거의 액체 상태이거든요. 환자의 뇌가 어느 곳에도 고정되지 않은 상태로 두개골 안에 풍선처럼 둥둥 떠 있습니다. 그래서 축구공 같은 것이 머리에 맞으면 뇌가 흔들립니다. 별로 안 좋죠. 권투 선수들 중에도 '펀치 드렁크'라는 뇌 손상 후유증을 겪는 사람이 많습니다. 이렇듯 머리에 충격을 주면 뇌가 흔들릴 수밖에 없습니다. 어쨌든 모소가 환자의 뇌 움직임을 계속 관찰해보니 많이 움직이다가도 어떨 때는 안 움직였습니다. 그래서 모소는 한 가지 실험을 해보았습니다. 환자의 뇌에 호스를 붙이고 물을 연결해서 뇌가 움직이면 압력 때문에 방울이 생기는 걸 볼 수 있게 했죠. 또 얼마나 뇌가 움직이는지도 측정했습니다.

다음 그래프는 모소가 발표한 논문에 나온 네 개의 그래프입니다. 첫 번째 그래프처럼 아무것도 안 할 때는 큰 차이가 없습니다. 두 번째 그래프를 보면 방 안에 있던 시계에서 12시를 알리는 종을 울리니까 갑자기 뇌가 쑤욱 올라갔다 내려옵니다. 화살표

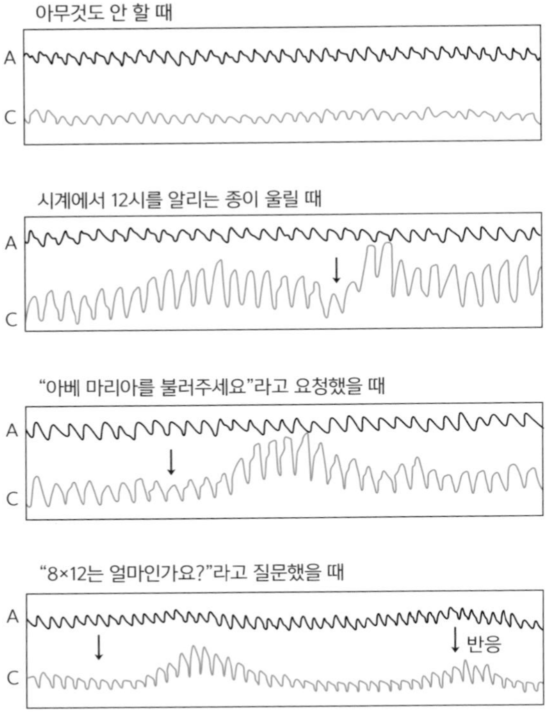

모소가 발표한 논문에 나온 네 개의 그래프.

위치가 자극이 시작되는 지점이에요. 세 번째는 환자에게 〈아베 마리아〉를 불러달라고 부탁했을 때 나타난 그래프입니다. 네 번째 그래프는 8 곱하기 12가 뭐냐고 물으니까 뇌가 움직였다가 한참 생각하고 나서 대답할 때 또 한 번 움직인다는 것을 보여줍니다.

모소는 뇌가 움직이는 현상이 혈관으로 피가 쏠리는 것과 관련이 있을 것이라 가정해보았습니다. 그래서 생각을 많이 하면 피가 뇌로 쏠려서 머리가 더 무거워질 거라는 가설을 세웠죠. 저울에 사람을 눕혀 실험도 해보았습니다. 저울이 정확하게 수평을 유지한 상태에서 복잡한 계산을 하게 한 거예요. 물론 19세기 기술로는 가능하지 않은 실험이었습니다. 움직이는 사람을 눕혀놓고 그 정도로 정교하게 수평선을 유지하는 건 불가능할 테니 말입니다. 하지만 뇌의 기능 상태를 뇌 안에서의 피 흐름을 통해 측정할 수 있다는 가설은 현대 fMRI 기술의 이론적 근거로 사용되고 있습니다.

산소라는 손님은
헤모글로빈이라는 택시에 타서
혈관을 따라 움직입니다.
이런 식으로 산소를 실은
혈액이 뇌에도 공급되죠.
MRI는 스파이크를 보는 게
아니에요. 뇌가 활성화되면
혈류가 변합니다. 활성화된
쪽으로 피가 더 많이 몰리죠.
MRI는 이런 피의 흐름을
관찰합니다.

Lyubov Popova, Untitled from Six Prints, c. 1917–1919.

연결된 신경세포들

"You find my words dark. Darkness is in our souls, do you think?"

내 생각이 어둡다고 하는데, 어둠은 바로 우리 영혼 속에 있는 것이지. 그렇게 생각하지 않나?

— James Joyce

Kurt schwitters, Composizione astratta, c. 1923~1925.

신경세포들은 다 연결되어 있습니다. 그 연결성을 알아보는 것도 매우 중요합니다. 동물의 뇌에 전극을 꽂고 동물에게 뭔가를 보여줌으로써 그 반응에 따른 스파이크를 얻을 수 있어요. 이때 뇌에 직접 염색약을 집어넣어 연결성을 알아볼 수 있습니다. 염색약을 넣은 다음 뇌를 꺼내고, 꺼낸 뇌를 얇게 햄 자르듯이 잘라냅니다. 그것을 현미경으로 들여다보면서 그림으로 그립니다. 그런 식으로 연결성을 하나하나 파악해 나갈 수 있습니다.

이 방법에는 여러 문제가 있습니다. 일단, 실험동물을 죽일 수밖에 없습니다. 염색약을 넣은 다음 뇌를 꺼내야 하잖아요? 뇌의 연결성 몇 개를 염색하기 위해서 동물 한 마리가 희생되어야 하는 거죠. 그다음 문제는 염색약이 미치는 곳까지만 연결성을 파악할 수 있다는 점입니다. 염색약이 퍼지지 않은 곳은 매번 그 과정을 반복해야 합니다. 계속해서 동물만 희생되어야 한다는 말이죠. 참으로 어려운 일이 아닐 수 없습니다.

하지만 20여 년 전쯤에 아주 괜찮은 방법이 하나 만들어졌습니다. MRI 또는 fMRI로 뇌의 기능을 들여다보듯이, 연결성도 뇌 수술 없이 볼 수 있는 방법을 찾아낸 것입니다. 사람의 뇌는 좌뇌와 우뇌로 나뉘어 있고 그 사이를 엄청나게 많은 축삭 다발이 잇고 있습니다. 약 2억 개가량 되는 축삭 다발이죠. 이것은 뇌량corpus callosum 또는 뇌들보라고도 불리는 일종의 전기 케이블입니다.

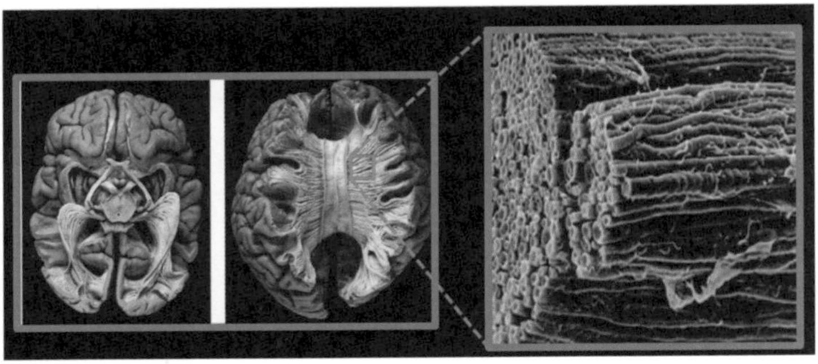

뇌는 좌뇌와 우뇌로 나뉘며, 그 사이를 뇌량(뇌들보)이 연결하고 있다.

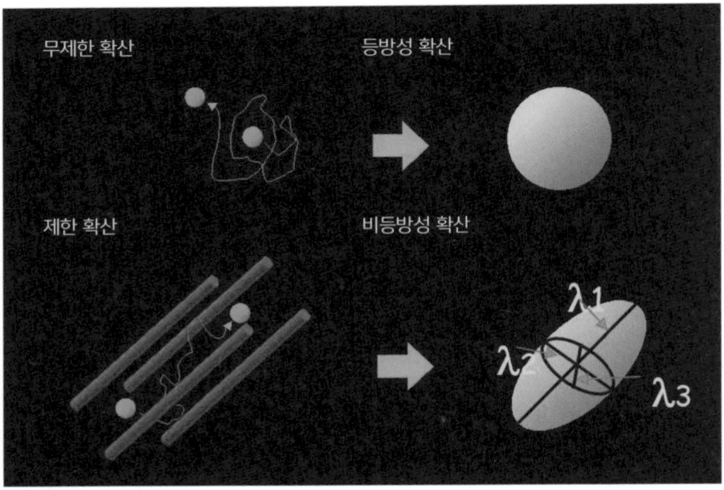

물 분자가 움직일 수 있는 방향은 축삭과 같은 방향이기 때문에, 물 분자가 움직이는 방향을 측정할 수 있다.

왼쪽의 위 그림에서 픽셀 하나만 확대해서 볼게요. MRI를 찍었을 때 대략 이 정도 크기의 영역을 관찰한다고 가정해보겠습니다. 이 픽셀을 관찰해보면 아주 특이한 현상이 나타납니다. 모든 선이 한쪽 방향으로 향하고 있습니다. 아무렇게나 뻗어 있는 게 아니죠. 이런 특징을 이용하면 물의 흐름을 볼 수 있습니다. MRI로 피의 흐름을 관찰하는 것과 같은 원리입니다.

자, 이제 왼쪽의 아래 그림을 볼게요. 조그만 녹색 원 같은 게 물 분자입니다. 물 분자는 아무것도 없는 공간에 있으면 브라운 운동Brownian motion을 합니다. 그냥 랜덤으로 막 움직입니다. 물 분자가 움직일 수 있는 범위를 보면 축구공같이 생겼어요. 아무데나 다 갈 수 있기 때문에 방향이 없어요. 그런데 물 분자가 축삭 사이에 갇혀 있다고 생각해봅시다. 빨간 줄처럼 생긴 게 축삭이에요. 물 분자는 축삭과 같은 방향으로는 움직일 수 있는데, 90도 각도로 움직이려고 하면 자꾸 축삭과 부딪칩니다. 결국 물 분자가 움직이는 범위는 확률적으로 럭비공처럼 되어버립니다. 물 분자가 움직일 수 있는 방향이 바로 이 축삭과 같은 방향이라서 그런 거죠.

그런 다음, 뇌의 픽셀 하나하나마다 물 분자가 움직이는 방향을 측정합니다. 하나씩 럭비공을 재현하는 거예요. 그러고 나서 물 분자들을 서로 연결시켜줍니다.

드디어 우리는 이런 방식으로 인간 뇌의 연결성을 볼 수 있게 됐습니다. 비침습적 방법, 즉 수술하지 않고도 말이죠. MRI를 사용해 신경세포들 간의 연결성을 라벨링해줄 수 있는 이런 방법은 '확산텐서자기공명영상Diffusion Tensor Imaging, DTI'이라고 불립니다. 중간에 기술적인 세부 내용은 생략했지만, 분명한 건 상당히 우아한 방법입니다. 예전에는 연결성 하나를 보려면 동물 한 마리를 죽이는 실험이었는데, 이제는 10분에서 20분가량 촬영해서 머리 안에 있는 모든 연결성을 측정할 수 있게 됐습니다. 문제가 없어진 건 아닙니다. 이게 진짜 연결성인지는 잘 모릅니다. 결국 물 분자의 미세적인 단위의 확산을 보는 거잖아요? 물 분자의 확산이 연결성과 서로 관계가 있다는 걸 아는 것뿐이죠.

휴먼 커넥톰 프로젝트human connectome project라는 말 들어본 적 있으시죠? 휴먼 커넥톰 프로젝트란, DNA를 분석해서 유전자 지도를 작성하듯이, 인간 뇌에 있는 모든 연결성을 분석해 뇌지도를 작성하자는 프로젝트입니다. 예를 들어 MRI를 사용해서 뇌에서 얻을 수 있는 모든 포인트 간의 연결망을 만들어볼 수 있습니다. 포인트와 포인트가 연결된 것을 분석하는 수학적 방법이 있습니다. 그래프 이론Graph Theory입니다. 이것은 300년 전부터 있었던 방법이죠. 그래프 이론에 따르면, 유명한 연결성으로 세 가지가 있습니다.

먼저, 레귤러 커넥션Regular Connection이라는 게 있습니다. 예를 들어 설명할게요. 여러분 사이의 관계를 관찰하고 싶어요. 누가

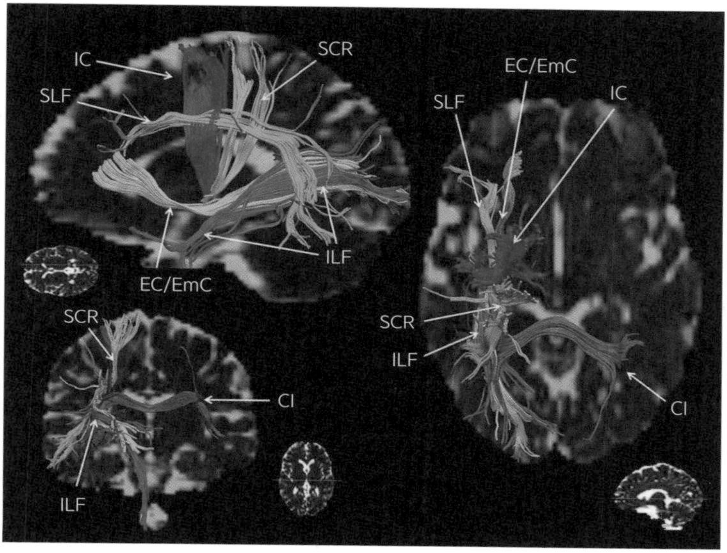

비침습적인 방법으로 인간 뇌의 연결성을 측정하는 연구가 다각도로 이뤄지고 있다. (그림 속 약어는 다음을 뜻한다. SLF: superior longitudinal fasciculus, ILF: inferior longitudinal fasciculus; SCR: superior corona radiata; EC/EmC: external/extreme external capsule; IC: internal capsule; CI: corpus isthmus를 포함한 interhemispheric parietal to parietal connections)

누구하고 친구인지 그 관계를 알아보려고 합니다. 가령 옆에 있는 사람들하고만 친구일 때를 레귤러 커넥션이라고 합니다. 두 사람끼리 친구이고, 뒷사람과 친구, 또 그 옆 사람과 친구, 뒤에 옆에 뒤에……, 계속 이런 식으로 바로 옆에 있는 사람하고만 연결되어 있는 거예요. 이때는 맨 앞에 있는 사람이 맨 뒤에 있는 사람에게 정보를 전달하려면 시간이 오래 걸립니다. 계속 하나하나 친구를 따라가야 하니까요. 정보 전달 속도가 느릴 수밖에 없습니다.

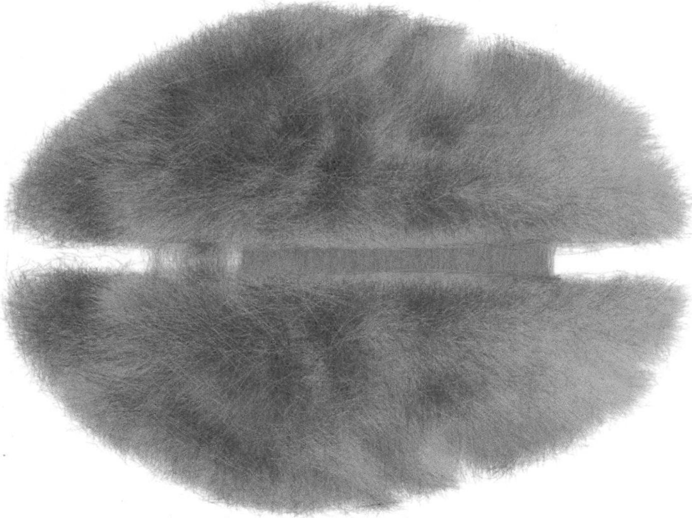

커넥톰은 일종의 뇌지도(뇌 회로도)로, 신경세포들 간의 연결망을 종합적으로 표현한 것을 가리킨다.

둘째, 랜덤 커넥션Random Connection이라는 게 있습니다. 정보 전달 속도가 가장 빠른 방법입니다. 예컨대, 여기 있는 사람들이 랜덤으로 친구 관계라고 해보죠. 그러면 확률적으로 정보 전달이 무척 빠릅니다. 그런데 문제는, 랜덤 커넥션을 하게 되면 전달 경로, 즉 연결선이 너무 길어져요. 속도가 빨라지는 반면 전달 경로가 너무 길어집니다.

그래서 레귤러 커넥션과 랜덤 커넥션의 중간 정도가 있습니다. 그 중간을 '작은 세상 네트워크Small-World Network'라고 부릅니다.

사람들은 대개 옆에 있는 사람들하고만 연락을 하며 지내요. 다만, 중간중간에 마당발 같은 사람들이 있어서 이 마당발들이 다른 사람들을 랜덤으로 연결시켜주기도 합니다. 그러면 정보 전달 속도도 빠르고 전달 경로도 최적화할 수 있습니다. 이런 작은 세상 네트워크가 가장 효율적인 연결이죠. '페친', '트친'처럼 SNS 상의 친구 관계 같은 것입니다. 그렇기 때문에 친구 관계를 여섯 단계 거치면 미국 대통령까지 연결된다고 하잖아요?

뇌 안에 있는 연결성도 작은 세상 네트워크입니다. 인간의 뇌도 결국은 정보를 최대한 빨리 전달하되 전달 경로를 가장 짧게 하는, 이 두 가지 요인을 최적화시킨 결과물이라는 걸 알 수 있습니다. 몇 년 전에 밝혀진 것들입니다. 자, 지금까지 얘기한 건 다 감각과 관련된 것이었습니다. 이제 지각perception에 대해 얘기를 해보겠습니다.

뇌 안에 있는 연결성도
작은 세상 네트워크입니다.
인간의 뇌도 결국은 정보를
최대한 빨리 전달하되
전달 과정을 가장 짧게
하는, 이 두 가지 요인을
최적화시킨 결과물이라는
걸 알 수 있습니다.
몇 년 전에 밝혀진
것들입니다.

Georges Seurat, Poplars, c. 1883–1884.

지각, 해석을 거친 감각

"Every experience is a paradox in that it means to be absolute, and yet is relative."

모든 경험은 절대적이지만, 또한 상대적이라는 점에서 역설적이다.

— T. S. Eliot

Kurt Schwitters, Bild mit heller Mitte, 1919.

뇌를 연구하다 보면 가장 신기한 것은 뇌가 머리 안에 있다는 것입니다. 무슨 얘기일까요? 뇌가 머리 안에 있다는 것은, 사실 알고 보면 상당히 큰 철학적인 의미를 담고 있습니다. 뇌는 현실을 알 수 없다는 것을 뜻하죠. 뇌는 두개골이라는 어두컴컴한 감옥에 평생 갇혀 지내는 죄인입니다. 뇌는 세상을 직접 경험하는 것이 아니에요. 눈·코·입·귀를 통해 세상을 받아들입니다. 예를 들어, 망막에서 들어온 정보(빛 에너지)가 전기 에너지로 바뀌어 스파이크가 일어나면, 뇌는 스파이크만 보는 것입니다. 그 스파이크만 보고 지금 보고 있는 게 사과인지 바나나인지 구별하는 겁니다. 뇌 표면에는 감각 센서도 없어요. 그러니까 손으로 만져도 아무 문제가 없습니다.

우리는 수천 년 동안 뇌로 생각한다는 걸 못 느꼈습니다. 어째서 심장은 뛰는데 뇌는 뛰지 않을까요? 어째서 뇌는 스스로를 표현하지 않는 걸까요?

진화의 관점으로 보면 그 이유가 있을 거 같습니다. 지금 이 강의실을 예로 들어보죠. 강의실은 분명히 뇌 바깥에 있습니다. 강의실 안의 이 모습이 현실입니다. 그런데 이 모습은 여러분의 뇌에서 만들어진 거예요. 그렇죠? 지금 머릿속에서 이 모습이 만들어졌습니다. 다시 말해, 세상을 보고 생각할 때 뇌가 심장처럼 뛰면 뇌가 혼돈을 겪을 수 있다는 얘기입니다. '뭐가 바깥에서 일어나는 일이고, 뭐가 머릿속에서 일어나는 일인가?' 이렇게 헷갈릴

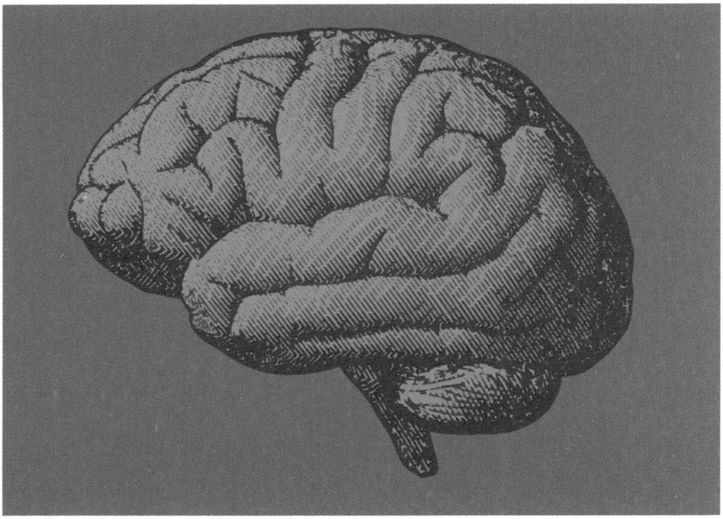

뇌는 두개골이라는 어두컴컴한 감옥에 갇혀 있다.

수 있기 때문에, 뇌는 안에서 일어나는 건 아무것도 없고 모든 게 바깥에서 일어난다고 믿도록 만들었습니다. 그래서 우리는 뇌가 있는 줄도 모르고 살아왔던 거예요.

결국 뇌가 하는 역할은 어떻게 보면 대기업의 회장과 비슷합니다. 대기업 회장이 직접 시장에 나가 현장에서 뛰지는 않잖아요? 직원들이 다 합니다. 정보를 수집하고, 소비자들한테 물어보고……. 그러고 나서 직원들이 보고서를 씁니다. 회장은 그 보고서를 보고 세상을 판단합니다. 이를테면 그 보고서가 스파이크입니다. 자, 그렇다면 뇌 또는 회장이 현실을 객관적으로 인식하려면 눈·코·입·귀가 작성한 보고서가 완벽해야 합니다. 완벽하게 현실을 있는 그대로 표현해야 적절한 판단을 내릴 수 있으니까요. 만약 재고 물량이 쌓여 가는데도 회사 제품이 잘 팔린다고 직원들이 허위 보고서를 쓰면 회장은 그냥 그러려니 하고 믿을 수밖에 없습니다. 뇌가 직접 바깥세상을 경험할 수 없기 때문이죠. 그렇다면 눈·코·입·귀가 얼마나 완벽할까요? 눈·코·입·귀가 보여주는 세상이 진짜일까요? 사실, 눈·코·입·귀는 문제가 많습니다. 눈·코·입·귀가 전달하는 정보는 왜곡된 정보들이 많습니다.

다양한 사례가 있지만, 시각이 제일 중요하다고 얘기했으니 눈에 대해서만 얘기를 해볼게요. 눈은 어떤 역할을 할까요? 바깥세상에 있는 물체의 광자가 반사돼서 렌즈를 통해 망막에 맺히고, 망막 안에 있는 다양한 세포 중에 광검출기photo detector 역할을 하는 광검출세포(원추세포cone와 간상세포rod)와 신경절ganglion 타입 신경세포를 통해 빛 에너지가 스파이크로 바뀌어집니다. 빛이 들어오면 반응하는 거예요. 그런데 빛이 앞에서 들어오면 빛에 반응하는 광검출세포가 앞쪽에 있어야 하지 않을까요? 하지만 인간을 포함해 대부분 동물들의 망막은 뒤집힌 상태로 진화해왔습니다. 빛은 앞에서 들어오는데 빛에 반응하는 세포들은 뒤쪽에 있는 거예요. 아마 진화적으로 어떤 이유가 있었을 겁니다.

그런데 빛에 반응하는 세포가 뒤에 있기 때문에 문제가 생깁니다. 빛과 빛에 반응하는 세포들 사이에는 혈관도 있고, 여러 가지

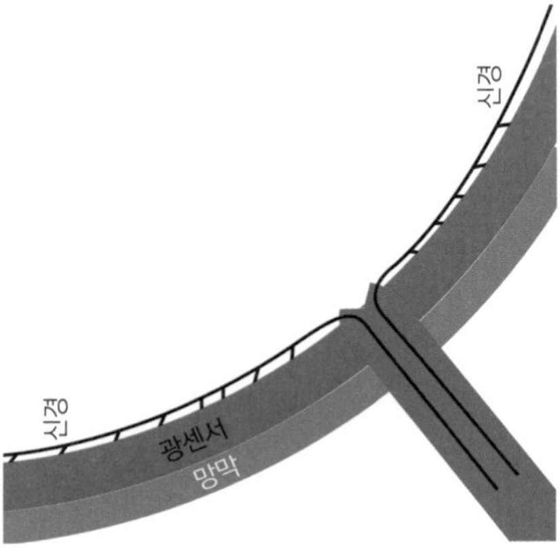

망막에는 빛에 반응하는 세포가 있다.

잡다한 세포들도 많아요. 당연히 이런 것들 때문에 그림자가 생기겠죠? 그렇다면 우리 눈에 비친 세상은 눈 안에 있는 혈관 그림자가 어지러이 보여야 합니다. 망막이 보여주는 세상은 이런 거미줄 같은 게 있는데 어느 순간에 사라져요. 뇌가 걸러주기 때문에 안 보이는 것입니다. 뇌는 거미줄같이 보이는 게 진짜가 아니라는 걸 알고 있어요. 그래서 불필요한 정보는 걸러냅니다. 어떻게 걸러낼까요? 우리가 뭔가를 보고 있으면 바깥에서 뇌로 그림이 하나씩 계속 들어오겠죠. 그렇게 한 장, 한 장 들어오는 그림을 있는 그대로 다 입력할 필요가 없어요. 우리가 보는 현실은 대부분 변화가 없거든요. 지금 강의를 시작한 지 많은 시간이 지났는데 강의실 천장이 똑같잖아요. 바닥도 똑같고 책상도 똑같아요. 계속해서

1초에 수백 장씩 천장, 천장, 천장, …… 이렇게 똑같은 정보가 계속 들어오는 건 뇌의 하드디스크를 낭비하는 거나 마찬가지예요. 훨씬 더 효율적인 방법은 그림이 뇌로 들어올 때 첫 번째 그림과 그다음 그림의 차이 값(미분)만 계산하면 됩니다. 예를 들어, 책상은 움직이지 않았지만 거기 앉은 사람이 움직였다면 그것만 입력하면 되는 거예요. 사람만 변화가 있었으니까요. 나머지는 어차피 이전 그림과 똑같아요. 그래서 뇌는 항상 정보 자체보다 정보의 차이에 반응합니다. 뇌로 들어오는 정보는 대부분 차이가 없기 때문이죠.

자, 좀 전에 봤던 눈 안에 있는 혈관은 어떨까요? 이건 계속 똑같을 거 아니에요? 그럼 뇌는 그 혈관을 시각 정보에서 빼버려요. 혈관 빼기 혈관 하니까 0이 되는 거예요. 뇌가 지닌 아주 강한 알고리즘 가운데 하나는, 정보와 정보의 차이 값을 계산했는데 그 값이 0이면 그 정보가 존재하지 않는다고 생각한다는 것입니다. 이런 과정이 항상 일어납니다. 그래서 만일 내일 시험이라서 밤을 새면서 똑같은 단어를 천 번 외운다고 하면, 어느 순간 뇌는 그 정보가 존재하지 않는다고 생각합니다. 열심히 외우려고 했는데 차이 값 없이 똑같은 게 반복되면 존재하지 않는 것으로 여기는 것이죠.

우리 일상생활도 마찬가지입니다. 어제와 오늘은 확률적으로 큰 차이가 없습니다. 어제 빼기 오늘이 대부분 0이에요. 오늘 빼기 내일도 대부분 0일 가능성이 큽니다. 그렇게 일상생활에 아무 변화가 없으면 뇌는 그냥 차이가 없다고 생각합니다. 매일이 똑같고 특별하게 벌어지는 일도 없었으면, 기억나는 것이 별로 없습니다. 2018년 3월 12일에 뭘 했나요? 기억 안 납니다. 2013년 9월 한 달 동안 뭘 했을까요? 기억 안 납니다. 나중에는 2000년에서 2010년까지도 10년이라는 긴 시간인데도 일상에 아무 차이가 없으면 다 날아가버립니다. 뇌라는 게 원래 그렇습니다.

그래도 문제는 여전히 남아 있습니다. 이 세상에 움직이지 않는 것들은 한두 가지가 아닙니다. 바윗덩어리, 나무, 집, 지금 이 강의실에 있는 책상 등. 그럼 이런 것들도 눈에 보이지 않아야 됩니다. 그런데 보여요. 왜 보일까요? 여기엔 트릭이 숨어 있습니다. 지금 이 순간에도 여러분의 눈은 조금씩 움직이고 있습니다. 약간씩 흔들려요. 이렇게 흔들리는 바람에 우리가 보는 것들, 그러니까 움직이는 동물이든 꿈쩍도 하지 않는 바윗덩어리든 항상 흔들리는 상태로 망막에 들어옵니다. 그래서 눈으로 들어오는 앞뒤 장면의 차이를 계산하면 항상 값이 남아요. 흔들리니까 그런 거죠. 그런데 눈 안의 혈관은 눈하고 같이 움직입니다. 눈을 아무리 움직여도 차이가 없어요. 그래서 혈관 그림자만 싹 빠지는 것입니다. 혈관 그림자는 눈에 보이지 않게 됩니다.

문제는 또 있습니다. 세포들이 빛 에너지를 전기 에너지로 바꾸고, 이제 스파이크를 축삭을 통해 뇌에 보내야 합니다. 그런데 망

우리 눈에는 어지러운 혈관 그림자가 보이지 않는데, 그 이유는 뇌가 불필요한 정보를 걸러내기 때문이다.

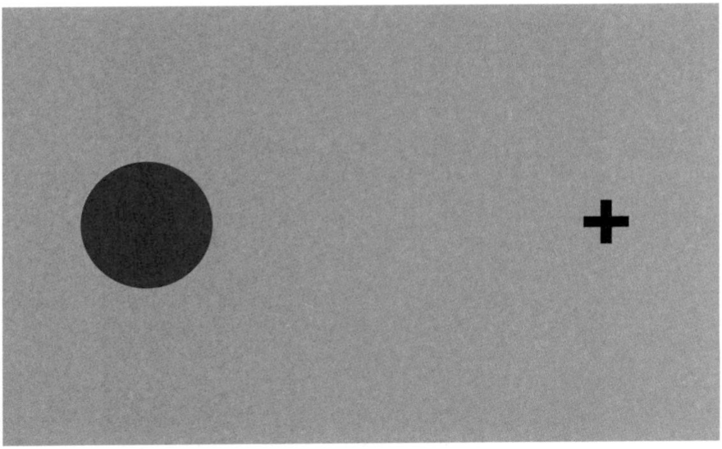

우선 30센티미터 거리를 두고, 오른쪽 눈을 감고 왼쪽 눈으로 '+'를 보면서 천천히 그림에 다가가다 보면 어느 순간 왼쪽의 동그라미가 사라지는 것을 볼 수 있다. 이런 현상이 나타나는 것은 맹점 때문이다.

막의 끝에 다다르면 축삭이 갈 길이 없습니다. 그러면 뒤쪽이 다 열려야 된다는 얘기인데, 그렇다고 눈 앞으로 나갈 수도 없습니다. 결국 찾아낸 방법은 축삭이 일단 망막의 안쪽 표면으로 갔다가 한곳으로 다 모이는 것입니다. 그런 다음에 망막의 딱 한 곳을 파고들어갑니다. 이렇게 해서 터널이 생겨요. 언젠가 다 뇌로 가야 하니까 손상이 딱 한 쪽만 생기도록 한 곳에 모으는 거죠. 그 터널로 수많은 케이블이 지나갑니다. 자, 그러면 이 영역의 망막 안에 터널이 하나 있다는 거예요. 터널이 있다는 건 거기에 세포가 없다는 얘기입니다. 결국 우리 눈에는 안 보이는 영역이 하나 있습니다. 학교에서 맹점이라고 배웠을 거예요. 이 맹점이 꽤 큽니다. 앞을 볼 때 약 5도 정도 옆으로 거의 사과 크기의 블랙홀 같은 게 보여야 합니다. 조그만 점이 아니에요. 엄청나게 큰 점이 보여야 하지만, 역시 뇌가 알고 있습니다. 그래서 뇌는 주변에 있는 정보들을 복사해서 맹점을 채워버립니다. 따라서 맹점 위치에 있는 정보는 주변의 복사판을 보고 있는 겁니다.

문제는 아직 남았습니다. 뇌는 눈·코·입·귀를 완전히 믿지 않으니까 늘 스파이크를 가지고 해석을 합니다. 즉 본다는 것 자체가 해석이라는 얘기입니다. 있는 그대로 본다는 말은 의미가 없는 말입니다. 있는 그대로 볼 수가 없기 때문이에요. 이것은 임마누엘 칸트Immaneul Kant의 철학하고도 관련지을 수 있습니다. 우리가 가지고 있는 아프리오리a priori, 선험적 기계가 늘 현실을 해석하다 보니까 어차피 있는 그대로 볼 수는 없고, 항상 해석을 통해서만 볼 수 있다는 겁니다. 문제는 뇌가 해석을 너무 많이 한다는 것입니다. 특히 잘못된 해석을……. 몇 가지 사례를 더 보겠습니다.

뇌를 연구하다 보면 가장 신기한 것은 뇌가 머리 안에 있다는 것입니다. 무슨 얘기일까요? 뇌가 머리 안에 있다는 것은 사실 알고 보면 상당히 큰 철학적인 의미를 담고 있습니다. 뇌는 현실을 알 수 없다는 것을 뜻하죠. 뇌는 두개골이라는 어두컴컴한 감옥에 평생 갇혀 지내는 죄인입니다. 뇌는 세상을 직접 경험하는 것이 아니에요. 눈·코·입·귀를 통해 세상을 받아들입니다.

Pierre Auguste Renoir, In the Woods, c. 1880.

정보를 해석하는 뇌, 그리고 착시

"Why is it that words like these seem dull and cold? Is it because there is no word tender enough to be your name?"

왜 저 단어들은 지루하고 차갑게 보일까요? 당신의 이름이 될 만큼 부드러운 단어가 없기 때문인가요?

— James Joyce, *The Dead*

Kurt Schwitters, (Merz) Picture from 8 Sides, 1930–1936.

착시를 일으키는 아주 유명한 그림을 보여드릴게요. 아래 왼쪽 그림을 보면 사각형 A와 사각형 B가 있습니다. 사각형 B가 사각형 A보다 더 밝게 보일 거예요. 제 눈에도 그렇게 보입니다. 이런 당연한 걸 제가 왜 보여드릴까요? 사실, 사각형 A와 B의 밝기가 똑같기 때문에 보여드리는 것입니다. 아래의 오른쪽 그림처럼 사각형의 옆을 가리면 A와 B가 똑같습니다.

그런데 옆에 아무것도 없으면 B가 밝게 보입니다. 왜 그럴까요? 눈은 A와 B가 똑같다는 걸 알고 있습니다. 뇌가 곧이곧대로 믿으면 되는데, 뇌는 해석을 하잖아요? 그런데 해석을 너무 많이 합니다. 자세히 보면 A는 원기둥 그림자 바깥쪽에 있고, B는 그림자 안에 있어요. 그림자 안에 있는 물체는 조금 더 어둡게 보인다는 걸 뇌가 알고 있나 봐요. 뇌는 상당히 복잡한 해석을 하기 시작합니다. 'A와 B가 똑같이 보인다. 그런데 B는 그림자 안에 있다. 그럼 B는 원래 모습보다 더 어둡게 보인다. 지금 어둡게 보이는 상태

사각형 A와 사각형 B의 색은 밝기가 다르게 보이지만, 실제로 이 둘의 색은 동일하다.

에서 A와 똑같이 보이려면 B가 A보다 훨씬 더 밝을 때만 가능하다.' 이런 과정을 거치며 복잡하게 해석을 하면 우리 눈에는 B가 밝게 보여요. 감각$_{sensation}$이 지각$_{perception}$으로 바뀌는 과정입니다.

A와 B가 똑같다는 건 이제 여러분도 다 압니다. 하지만 알고 봐도 계속 B가 밝게 보여요. 저는 15년 동안 봐왔는데도 여전히 B가 밝게 보입니다. 심리학자들은 알면 알수록 세상이 다르게 보인다고 하던데, 뇌과학자들은 아무리 알아도 똑같이 보인다고 얘기하죠. 이건 어쩔 수 없습니다. 인간에게 내장된 하드웨어의 한계죠. 단, 뇌과학자가 얘기해줄 수 있는 건, B가 아무리 더 밝게 보여도, 자신이 아무리 잘난 것 같아도, 선진국이 후진국보다 훨씬 더 좋을 것 같아도, 그 생각이 충분히 틀릴 수 있다는 사실입니다. 어떻게 보면 겸손해지는 걸 배우는 계기도 되는 것 같습니다. 거의 100퍼센트에 가깝게 확신한다 해도 얼마든지 틀릴 수 있습니다.

자, 옆 페이지의 위 그림을 한번 보세요. 원들이 막 움직이죠? 여기에 움직이는 원은 하나도 없습니다. 이건 그림 파일입니다. 이번에는 원 하나를 골라 그 원의 중심에 집중해보세요. 그 원만 안 움직일 거예요. 집중 안 하면 또 계속 움직이죠? 바로 착시 현상입니다.

이걸 본 망막은 움직이는 게 없다고 뇌한테 얘기할 거예요. 그

위 그림을 보면, 원들이 움직이는 듯한 착시 현상이 일어난다. 실제로 움직이는 원은 없다.

왼쪽에 있는 사진은 눈과 입이 뒤집혀 있지만, 사진을 180도 돌린 상태에서 보면 이상하게 보이지 않는다.

런데 뇌가 믿지 않습니다. 그냥 믿으면 좋은데, '이렇게 생긴 것은 움직일 때가 많던데……. 망막은 움직이는 게 없다고 그러지만 에라 모르겠다' 하고 생각합니다. 그러니 움직이는 것처럼 보이는 것입니다.

버락 오바마Barack H. Obama 전 미국 대통령의 얼굴 사진이 두 장 있습니다. 뒤집혀 있네요. 여기서 뭐가 이상한지 한번 보세요. 이상한 게 보이나요? 책을 180도 돌려 사진을 똑바로 보세요. 원래 왼쪽에 있던 사진은 눈과 입이 뒤집혀 있습니다. 그런데 얼굴을 뒤집어놓으면 그게 잘 보이지 않죠. 항상 얼굴을 똑바로 보는 데 익숙해져 있어서 그렇습니다. 뒤집어놓으면 분석을 제대로 못 합니다. 얼굴이 뒤집힌 상태로 보면 그다지 이상하지 않죠. 이런 현상은 시각뿐만 아니라 생각에서도 일어납니다. 이는 사람들이 자신이 보고 경험한 대로 생각하기 때문이죠. 예를 들어, 대한민국에서는 아무리 괴상망측하고 말도 안 되는 일들이 벌어져도 대한민국 사람들은 정상이라고 생각합니다. 늘 보고 듣고 겪은 게 그러니까요. 그런데 외국에 가면 다 보입니다. 환경이 바뀌고 멀찍이 떨어지니까 평소 안 보이던 것들이 보이는 거죠. 늘 보는, 그래서 너무나 익숙한 프레임으로만 세상을 보면 타성에 젖기 십상입니다. 생각의 착시 현상이라고 할 수 있습니다.

착시 현상을 보여주는 사례는 아주 많습니다. 선 길이가 같은데 화살표 방향을 바꾸니 길이가 달라 보입니다. 두 번째 그림에

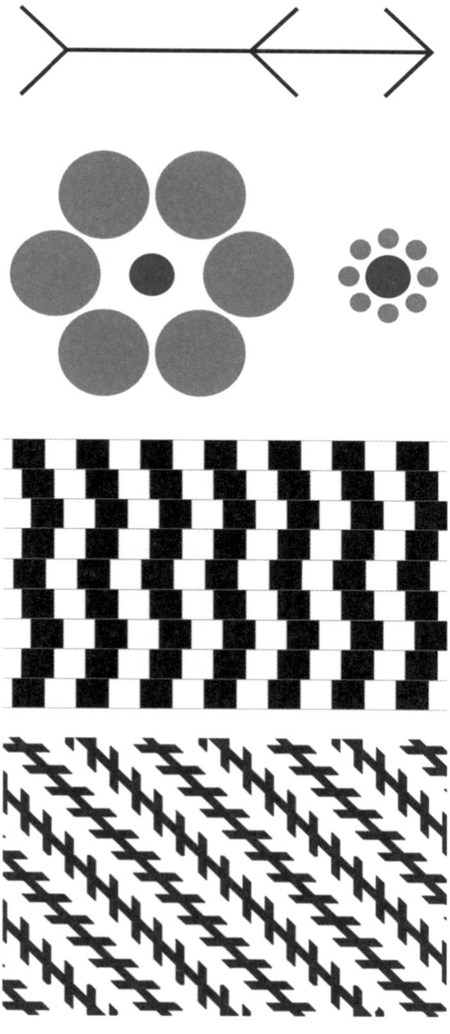

길이가 같은데 다르게 보인다든지, 크기가 같은데 다르게 보인다든지 하는 착시 현상은 아주 다양하게 일어난다.

서 중심에 있는 두 원의 크기는 같습니다. 그런데 주변을 둘러싼 원이 크면 더 작게 보이고, 주변이 작으면 더 크게 보이죠.

인간의 행복지수도 마찬가지 아닐까요? 연봉이 같은데도 자기 주변 사람들이 부자이면 자신이 가난하다고 느낄 테고, 주변 사람들이 가난하면 자신이 부자라고 느낄 거예요.

그래서 사람들에게, 자신이 한 달에 10만 원 더 많이 받는 경우와 주변 사람이 한 달에 20만 원 덜 받게 하는 경우 중 하나를 선택하라고 하면 후자를 선호합니다. 상대적으로 그게 더 행복하다고 생각하거든요. 사실, 사회적 부는 점점 커지고 있지만 사람들이 느끼는 행복지수는 100년 전이나 지금이나 똑같습니다. 오히려 현대인들 대다수가 스스로를 불행하다고 여깁니다. 파이 자체는 100년 전보다 훨씬 커져서 자기가 먹을 것도 많아졌지만 퍼센트로 따지면 자기 몫은 예나 지금이나 똑같으니까요. 정치인들이 허구한 날 국민 행복 시대니 뭐니 하며 떠들어대는데, 이는 사실 불가능합니다. 모든 사람이 잘사는 건 어찌어찌해서 가능할 수도 있습니다. 하지만 모든 사람이 행복할 수는 없습니다. 행복 자체가 상대적인 개념이라서 그렇습니다. 사람이 행복해지려면 비교 대상을 바꿔야 합니다. 주변 사람들과 비교하기 시작하면 답이 나오지 않습니다. 주변 사람이 아니라 과거의 자신과 비교하면 어떨까요? 더 행복하다고 느끼지 않을까요? 즉 비교 대상을 무엇으로 삼느냐에 따라 행복의 척도가 달라질 수 있습니다.

고대 그리스 건축가들은 착시 현상을 없애려고 건물 자체를 휘어지게 지었다. 그래서 파르테논 신전을 멀리서 보면 일직선으로 보인다.

착시 현상은 최근에 발견한 게 아닙니다. 고대 그리스 사람들도 이미 알고 있었습니다. 아테네에 있는 파르테논 신전을 한번 볼게요. 이 신전의 실제 모습은 위의 오른쪽 그림처럼 비스듬히 휘어져 있습니다. 고대 그리스 건축가들도 일직선을 멀리서 보면 휘어져 보인다는 사실을 이미 알고 있었던 거예요. 그래서 일부러 착시 현상을 없애려고 건물 자체를 완만하게 휘어지게끔 만들었어요. 멀리서 보면 일직선으로 보이게 말이죠. 물론 엄밀한 수학적 계산이 뒤따랐을 겁니다.

다음 페이지에서, 또 한 가지 재미있는 현상을 보여드릴게요. 얼룩덜룩한 배경 색깔 보이죠? 몇 초 동안 다른 거 보지 말고 가운데 있는 십자가 모양에만 집중해보세요. 이상한 일이 벌어지죠? 어느 순간 뒤쪽의 배경색이 사라집니다. 이 현상은 우리 눈으로 계속 들어오는 장면과 장면의 차이 값을 뇌가 계산한다는 걸

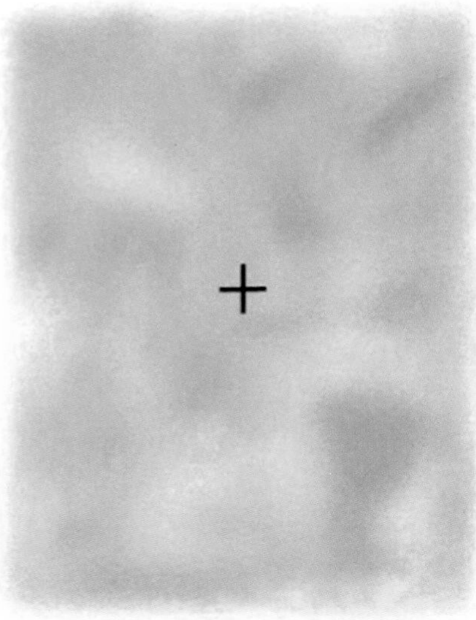

가운데 십자가 모양에만 집중해서 보면, 어느 순간 뒤쪽의 배경색이 사라지는 것을 경험하게 된다.

증명하고 있습니다. 십자가 모양에 집중하니까 눈이 더 이상 움직이지 않는 거예요. 원래는 배경이 막 흔들리며 망막에 들어올 텐데, 눈이 거의 고정되어 있으니까 계속 똑같은 게 들어오는 겁니다. 그럼 망막은 배경이 들어온다고 뇌한테 신호를 보냅니다. 그런데 뇌가 봤을 땐 똑같은 게 계속 들어옵니다. 차이 값이 0이에요. 계산 결과 계속 0이 나오면 어느 순간 뇌는 이렇게 생각합니다. '뭐야, 아무것도 없네!' 그 순간 배경이 싹 사라집니다.

이 사진에 찍힌 드레스는, 어떤 사람들에게는 파란색과 검정색 드레스로 보이지만, 다른 사람들에게는 흰색과 금색 드레스로 보인다.

한때 인터넷 공간을 떠들썩하게 했던 드레스를 한번 볼게요. 이걸 가지고 인터넷에서 시끌벅적할 때 저는 정말 이해가 안 됐습니다. “아니, 검은색에 파란색, 되게 촌스러운 옷 가지고 왜들 난리야?” 그랬더니 한 학생이 “교수님, 무슨 말씀이세요. 이거 금색과 흰색인데…….” 그러는 거예요. 둘이 한참 옥신각신했어요. 미국의 어느 부부는 이거 가지고 싸우다가 결국 이혼까지 했다고 해요. 물리적으로 같은 물체라면 같은 감각을 만들어낼 텐데 왜 지각으로는 다르게 보일까요?

사실 하나도 이상하지 않습니다. 현대 뇌과학에서는 인간의 생각·기억·감정·인식의 대부분을 착시 현상이라고 봅니다. 여기서 착시는 나쁘다, 안 좋다, 하는 말을 하려는 게 아닙니다. 오감이 전달해준 정보에 뇌의 해석이 플러스알파로 포함되어 있다는 말을 하려는 겁니다. 사실, 그 해석 없이는 세상을 알아볼 수도 없습니다.

우리는 매일 아침마다 거울을 봅니다. 현대 뇌과학은 매일 아침마다 거울에 비친 내 모습이 '나'가 아니라고 합니다. 거울 속의 내 모습이 자기 자신이 아니라는 거예요. 여러분의 망막을 관찰해보면, 망막에서 얻을 수 있는 데이터는 광자의 확률 분포밖에 없습니다. 색깔·형태·입체감 등은 대부분 뇌가 만들어낸 해석입니다. 어쨌든 외부에 객관적으로 존재하는 어떤 대상이 눈을 통해서 들어오면 그 감각을 뇌가 해석하고, 우리는 그렇게 해석한 결과물을 보고 있는 겁니다. 결국 우리 눈에 보이는 건 인풋input이 아니라 아웃풋output입니다. 이미 뇌가 계산을 다 끝낸 결과물이라는 얘기죠.

자, 그렇다면 뇌가 다르면 신경 회로망이 다를 거고, 뭔가 다른 계산이 벌어지겠죠. 그러면 다른 게 보일 것입니다. 해석이 다를 테니까요. 당연한 얘기입니다. 고양이는 색깔을 잘 보지 못합니다. 고양이의 눈에 비친 세상은 흑백영화 비슷하게 보이겠죠? 박쥐는 시력이 안 좋아 세상을 초음파로 파악합니다. 우리 인간은 어떨까요? 인간은 뇌 안에 10^{15}개 되는 연결성을 가지고 있습니다. 그런데 이 연결성을 부모한테 100퍼센트 물려받는 건 아닙니다. 대략 3분의 1 정도가 유전적으로 타고난다고 알려져 있고, 또 3분의 1 정도는 태어난 뒤 10~12년까지의 아주 중요한 발달 기간 동안 만들어집니다. 그리고 결정적 시기라고 하는 이 기간 동안 자주 사용하는 연결성은 살아남고 한 번도 사용하지 않은 연결성은 다 사라져버립니다. 뇌에서 다 지워져요. 지금 살고 있는 환경에 최적화시키기 위해서입니다. 우리는 대한민국에서 태어나 자라고, 한국 사람 얼굴을 보고, 한국 음식을 먹고……, 그런 것과 관련한 신경세포들은 다 살아남습니다. 그러나 스웨덴 사람을 알아보고, 아프리카 음식 냄새 구별하는 방법은 사용하지 않으니까 그런 기능을 하던 신경세포는 다 없어져버립니다. 고향이라는 게 뭘까요? 고향이란, 뇌가 최적화된 환경입니다. 그래서 고향이 편할 수밖에 없습니다. 결정적 시기에 뇌가 그 환경에 익숙해졌으니까요. 그 밖에 나머지 3분의 1은 랜덤으로 만들어진다고 합니다. 일란성 쌍둥이도 100퍼센트 똑같은 뇌를 가질 수는 없습니다. 유전적으로는 똑같아도 환경이 100퍼센트 똑같을 수는 없거든요. 말하자면 사람들이 모두 조금씩 다른 뇌를 가지고 있다는 겁니다. 조금씩 다른 뇌를 갖고 있으면 조금씩 다른 계산이 일어나고, 그에 따라 해석이 조금씩 다를 수밖에 없습니다. 사실, 우리 눈에

우리는 사과의 색을 빨간색이라고 인식하지만, 이 사과가 완벽한 빨간색인 것은 아니다.

는 세상이 매번 다르게 보입니다. 어떻게 보면 항상 다르게 보이는데 같은 세상에 살고 있다고 생각하는 게 더 신기한 일입니다.

지금 제 손에 빨간 사과 한 개가 있다고 해보죠. 이 사과가 빨간색이냐고 물어보면 여러분은 그렇다고 대답할 겁니다. 그런데 제 손에 있는 사과가 완벽한 빨간색은 아닙니다. 무슨 점도 있고, 얼룩도 있고, 노르스름한 부분도 있고 애매모호한 색깔입니다. 문제는 제 눈에 보이고, 제가 기억할 수 있고, 구별할 수 있는 이 사과의 색깔을 완벽하게 표현할 만한 단어가 존재하지 않는다는 거예요. 그래서 저는 가장 비슷한 단어, 빨강이라는 단어를 사용했습니다. 또 저마다 뇌가 다르기 때문에 여러분도 사과 색깔이 분명히 저하고 다르게 보일 거예요. 그런데 그 색깔을 완벽하게 표현하는 말이 없으니까 여러분 역시 빨강이라는 단어를 사용할 수밖에 없습니다. 제가 "빨갛지요?" 하면 여러분도 빨갛다고 공감하는 것입니다. 현대 뇌과학이 규명한 것 중 하나가 언어의 해상도가 인식의 해상도보다 훨씬 낮다는 것입니다. 우리는 세상을 폭넓게 인식하고, 높은 해상도로 구별할 수 있는데, 일대일로 대응하는 단어가 없기 때문에 뭉뚱그린 하나의 단어로 표현하는 거죠. 여러 사람과 대화를 나누다 보면 같은 말, 동일한 단어가 오간다 해도 각자 생각하는 그 말의 의미가 다른 경우가 허다합니다. 이는 언어 자체의 속성에서 비롯되는 한계 때문입니다.

고향이라는 게 뭘까요?
고향이란, 뇌가 최적화된
환경이에요. 그래서 고향이
편할 수밖에 없습니다.
결정적 시기에 뇌가 그 환경에
익숙해졌으니까요. 그 밖에
나머지 3분의 1은 랜덤으로
만들어진다고 합니다. 일란성
쌍둥이도 100퍼센트 똑같은
뇌를 가질 수는 없습니다.
유전적으로는 똑같아도 환경이
100퍼센트 똑같을 수는
없거든요. 말하자면 사람들이
모두 조금씩 다른 뇌를 가지고
있다는 겁니다.

Amadeo de Souza Cardoso, Untitled, 1913.

느끼고 기억한다

2장

감정과 기억

호모 에코노미쿠스를 위한 변명

"When the facts change, I change my mind. What do you do sir?"

상황이 달라지면 내 생각도 달라집니다. 당신은 어떠신가요?

— John M. Keynes

Léon Spilliaert, Marine met oranje zeilboten, 1909.

 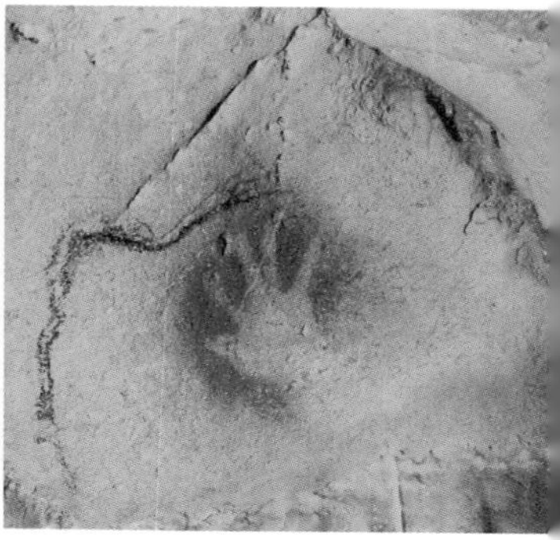

수만 년 전에 그려진 원시 동굴 벽화. 아주 까마득한 옛날, 그 누군가는 손을 갖다 대고 흔적을 남겼다.

수만 년 전에 그려진 원시 동굴 벽화들을 보면 여러 동물의 모습이 그려져 있습니다. 거기에는 사냥을 잘하고 싶은 그 시대 사람들의 염원이 담겨 있습니다. 어쩌면 그 동물들이 두려움의 대상이었기 때문에 그림으로 그렸을지도 모릅니다. 이런 벽화에는 사람의 손도 자주 등장합니다. 아주 까마득한 옛날, 누군가 자신의 손을 갖다 대고 흔적을 남겼죠. 이런 걸 보면 그 당시 사람들 역시 '나'에 대한 생각, 즉 자아 개념이 있었던 게 아닐까 추정해볼 수 있습니다. 이 자아 개념은 중요한 개념인데, 나중에 다시 언급할 예정입니다.

근대에 들어 상공업이 발달하면서 경제학이라는 학문이 생겨났습니다. 경제학에서 가장 중요하게 생각하는 요소는 합리성입니다. 인간은 기본적으로 합리적이라는 전제가 깔려 있습니다. 계

존 로크, 제러미 벤담, 애덤 스미스는 합리주의의 대표주자들이다.

몽주의가 등장한 이래 인간을 바라보는 기본적인 관점이었죠. 존 로크John Locke, 제러미 벤담Jeremy Bentham, 애덤 스미스Adam Smith 같은 사람들이 '합리성'을 기반으로 삼아 이론적 토대를 세웠습니다.

계몽주의에 입각한 인간 모델을 '호모 에코노미쿠스*Homo Economicus*'라고 합니다. 존 로크는 인간이 독립성을 추구한다고 주장했고, 데이비드 흄David Hume은 논리적으로 판단하는 능력이 인간의 특성이라고 주장했습니다. 제러미 벤담은 인간의 선호도에 주목했습니다. 반면, 니콜로 마키아벨리Niccolo Machiavelli나 토머스 홉스Thomas Hobbes는 인간의 부정적인 측면을 강조했죠. 특히 토머스 홉스는 호모 호미니 루푸스*Homo homini lupus*, 즉 인간은 서로가 서로에게 늑대 같은 존재라고 역설했습니다. 인간의 이런 모든 속성을 합치면 자본주의적 인간형이 될 것입니다. 결국 인간한 명, 한 명은 상당히 이기적으로 살아가며 자기가 좋아하는 것을 최대한 추구하고 행동함으로써 제대로 된 시장 가격이 형성된다는 것이죠. 이런 게 바로 인간을 바라보는 호모 에코노미쿠스적 관점입니다. 이 관점으로 보면, 개인은 모두 합리적으로 생각합니다. 여기서 '합리적'이라는 말은 자신에게 이득이 되는 것을 추구한다는 뜻입니다. 인간에게는 선호도, 다시 말해 좋아하는 것들의 우선순위가 있습니다. 인간은 자유의지만 주어진다면 자기가 선호하는 순서대로 선택을 합니다. 결국 선택은 실천된 선호도라고 볼 수 있겠죠. 인간의 선호도는 머릿속에 들어 있기 때문에 겉으로 드러나는 건 그 사람의 행동과 선택입니다. 선택한 결과를 보고 그 사람의 선호도를 짐작할 수 있죠.

인간은 모두 자기 이득을 위해 합리적인 행동을 합니다. 그런 호모 에코노미쿠스가 어째서 가끔가다 어처구니없는 짓을 할까요? 전혀 합리적이지 않은 행동과 선택을 하는 이유는 뭘까요? 1637년 네덜란드에서 벌어진 '튤립 파동Tulip mania'이 대표적인 경우라 할 수 있습니다. 튤립 한 송이 값이 5억 원까지 치솟는 게 정상이라고 할 수 있을까요? 투자 심리가 과열돼서 튤립 가격이 그 당시 3000플로린, 대략 5억 원 정도였습니다. 사실 꽃이라는 게 며칠이나 갈까요? 몇 주도 지속되기 힘든 상품입니다. 그래도 사람들은 아무 문제도 없으리라고 생각했습니다. 4억 원을 주고 샀어도 5억 원에 팔면 되고, 5억 원을 주고 샀지만 누군가가 5억 원

경제학자 존 케인스는 인간이 종종 동물적 본능에 지배당하기도 한다고 주장했다.

에 단돈 1000원이라도 더 얹어서 사갈 거라고 생각했겠죠. 그러다가 어느 한순간 모든 게 무너져버렸습니다. 시장 붕괴market crush 현상이 일어난 겁니다.

1929년부터 쓰나미처럼 밀어닥친 대공황도 마찬가지였습니다. 주식·금융·산업 등의 경제 기반이 한꺼번에 붕괴됐습니다. 대공황 때문에 제2차 세계대전이 일어났다고도 하죠. 그런데 이상하지 않나요? 인간이 합리적인 행동을 한다고 하면서 왜 이런 일들이 벌어질까요? 명색이 호모 에코노미쿠스의 체면이 있지, 사실 이런 일이 벌어지면 안 되잖아요? 이런 현상이 자꾸 발생하는 이유는 뭘까요? 시장이 붕괴되고, 사람들에게 크나큰 상처를 남기는…….

이런 현상을 두고 존 케인스John M. Keynes는 다음과 같은 주장을 펼칩니다. 인간은 당연히 합리적으로 행동하지만 가끔씩 동물 같은 본능에 지배당하기도 한다고 말이죠. 케인스는 이렇게 인간에게 내재된 동물적인 본능을 '야성적 충동Animal Spirit'이라고 했습니다. 본질적으로 인간은 합리적인 선택을 하지만 어떤 특정 상황에서는 야수 같은 본능이 튀어나와서 비합리적인 선택으로 치닫기 때문에 시장 붕괴가 일어난다는 것입니다.

그러나 뇌과학자는 경제학자와 완전히 반대로 생각합니다. 경제학자들은 아주 오랫동안 인간의 합리성을 믿어왔고 간혹가다 예외가 발생한다고 여겼습니다. 즉 경제학자들은 특수한 조건이나 아주 예외적인 상황에서 비합리적인 선택을 한다고 주장합니다. 그러나 뇌과학자들은 정반대로 주장합니다. 즉 인간은 대부분 비합리적인 선택을 하고, 아주 가끔 예외적으로 합리적인 선택을 한다고 말이죠.

경제학자들은 아주 오랫동안
인간의 합리성을 믿어왔고 간혹가다
예외가 발생한다고 여겼습니다.
즉 경제학자들은 특수한 조건이나
아주 예외적인 상황에서 비합리적인
선택을 한다고 주장합니다. 그러나
뇌과학자들은 정반대로 주장합니다.
즉 인간은 대부분 비합리적인
선택을 하고, 아주 가끔 예외적으로
합리적인 선택을 한다고 말이죠.

Ilya Mashkov, Portrait of the Artist A. Milman, 1917.

선先 선택, 후後 정당화

"Before brains the universe was also free of pain and anxiety."

뇌가 생기기 전에는 우주에 고통과 불안이 없었다.

— Roger Wolcott Sperry

Léon Spilliaert, Zwarte Marine, 1900.

자, 지금부터는 뇌과학자의 주장을 펼쳐나갈 겁니다. 선택이라는 문제를 가지고 얘기를 해볼게요. 어떻게 보면 인생은 선택의 꼬리물기입니다. 태어나서 죽을 때까지 선택의 연속이죠. 뭘 먹을까? 어느 학교에 갈까? 누구랑 결혼할까? 어떤 자동차를 살까? 제가 지금 여기 서 있는 것도 선택이고, 여러분이 이 자리에 앉아 있는 것도 선택이고, 노트에 필기하는 것도 선택입니다, 커피를 마시는 것도 선택이고, 이 모든 게 다 선택이죠. 인간에게는 선호도가 있습니다. 좋아하는 것과 싫어하는 것이 있고, 가능한 한 좋아하는 걸 선택하려고 합니다. 당연하겠죠. 어쨌든 결론은 선호도가 먼저 존재하고 그다음에 선택을 한다는 겁니다. 하지만 뇌과학자들은 이 과정이 반대일 거라고 주장합니다. 즉 선택을 먼저하고 그 다음에 선호도가 만들어진다는 얘기입니다.

예를 하나 들어볼게요. 1960년대부터 시작해 1980년대까지 뇌전증 환자들을 치료하다 알게 된 사실입니다. 뇌전증, 옛날 말로 간질은 특별한 병이 아닙니다. 뇌 안에 10^{11}개나 있는 신경세포는 전기 신호를 통해서 정보를 처리하는데, 전기를 사용하는 제품이 그렇듯이 뇌 역시 누전이 일어날 수 있습니다. 뇌에 상처가 나거나 또는 여러 원인 때문에 누전이 생기면 전기 신호가 정보를 코딩하지 않고 랜덤으로 마구 발생합니다. 타이밍을 정확히 맞춰서 신호가 와야 하는데 랜덤으로 오니까 경련이 일어나고 난리가 나는 것입니다.

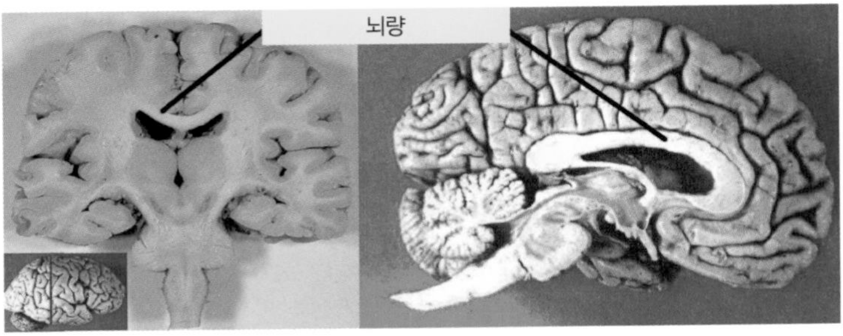

뇌량은 좌뇌와 우뇌를 연결한다.

뇌전증은 대부분 발생하는 장소가 같습니다. 대개 '뇌전증 초점 부위epileptic focus'라는 곳이 망가집니다. 그 부위를 수술로 도려낼 수 있습니다. 문제는 잘라낼 부위의 신경세포가 어떤 기능을 하는지 모르는 경우가 많다는 점입니다. 뇌에는 다양한 영역의 신경세포들이 다양한 기능을 가지고 있거든요. 뇌종양이나 뇌졸중도 마찬가지입니다. 손상된 곳이라 하더라도 멋모르고 잘라냈다가 정말 중요한 영역이면 큰일 나잖아요? 예컨대, 수술 후에 아내의 얼굴을 못 알아본다면 정말 심각한 문제가 되겠죠. 과거에는 뇌전증 환자들을 수술할 때 고민이 많았을 겁니다.

1960년대에 뇌전증을 치료하는 의사들은 고심에 고심을 거듭하던 끝에 좌뇌와 우뇌를 연결하는 뇌량을 절단해보려고 했습니다. 알다시피 좌뇌와 우뇌 사이에는 약 2억 개의 전깃줄 케이블(축삭 다발)로 연결돼 있습니다. 이 뇌량을 잘라버리면 뇌전증이 일어나도 한쪽 뇌에만 영향을 끼치고, 다른 쪽으로 번지지 않을 거라고 생각했던 것입니다. 발작 증상을 최소화시키려는 방편이었죠. 사실 이런 뇌량 절단 수술은 지금도 하고 있습니다. 이런 수술을 받은 사람을 '분할 뇌 환자split-brain patient'라고 하는데 일상생활을 하는 데 큰 지장은 없습니다.

당시 뇌량 절단 수술에 참여했던 의사 중에는 로저 스페리Roger W. Sperry도 있었습니다. 그는 이런 생각에 잠겼어요. '이건 말이 안 된다. 아무리 일상생활에 지장이 없다고 하지만 무려 2억 개의 전깃줄을 잘라냈는데 과연 분할 뇌 환자에게 아무 문제도 없을까?' 충분히 의심을 품을 만한 상황입니다. 컴퓨터 안에 있는 케이블 한두 개만 끊어져도 난리가 나는데 말이죠. 스페리는 이런 문제의식을 가지고 연구에 연구를 거듭했습니다. 그 덕분에 정말 신기한 걸 많이 발견했습니다. 1981년에는 노벨 생리의학상을 받았습니다.

다음 페이지 그림은 스페리가 분할 뇌 환자를 대상으로 실시한 실험의 한 장면입니다. 이 실험에서는 특수 장비를 사용해서 왼쪽 화면, 오른쪽 화면에 있는 물체들이 한쪽 뇌로만 들어가도록 해놓았습니다.

먼저 이 환자에게 오른쪽 화면의 닭발을 보여줍니다. 오른쪽에 있는 물체이니까 좌뇌로 들어가겠죠. 좌뇌는 닭발을 봤습니다. 환자에게 뭐가 보이느냐고 물어봤어요. 말은 좌뇌가 하겠죠. 닭발

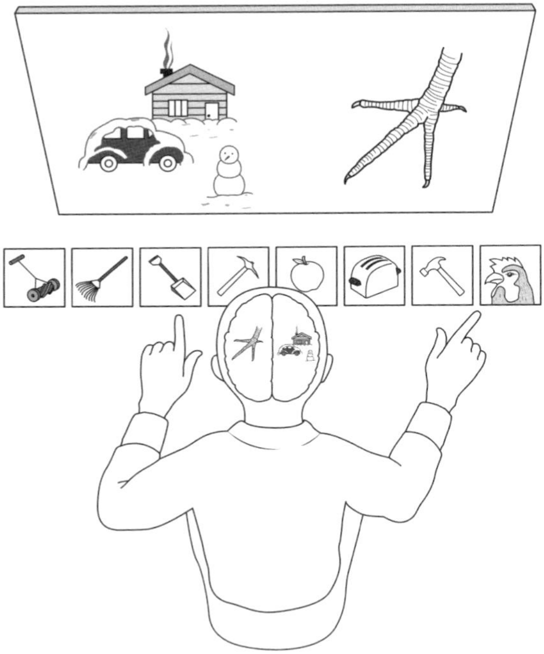

로저 스페리는 분할 뇌 환자를 대상으로 실험을 진행했다.

이라고 대답했어요. 이번에는 왼쪽 화면에서 겨울 풍경을 보여줍니다. 이 장면은 우뇌로 들어갈 겁니다. 이번에도 뭐가 보이느냐고 물었습니다. 우뇌는 분명히 왼쪽 화면에 제시된 겨울 풍경을 인식했습니다. 그런데 우뇌는 말을 못합니다. 말은 어차피 좌뇌가 하니까. 좌뇌는 조금 전에 닭발을 봤지만 지금은 아무것도 못 봤겠죠? 따라서 아무것도 안 보인다고 얘기합니다. 이건 하나도 신기한 게 아닙니다. 이 현상은 좌뇌, 우뇌 절단 수술이 성공적으로 이루어졌다는 걸 의미합니다.

진짜 재미있는 실험은 지금부터입니다. 책상 위에 사진 수십 장을 놓고 환자에게 마음대로 선택하라고 했습니다. "당신이 원하는 사진 아무거나 집으세요." 처음 실험은 오른손으로 집으라고 했어요. 자, 오른손은 좌뇌가 컨트롤합니다. 좌뇌는 좀 전에 닭발을 봤잖아요? 이럴 때 사람들은 대체로 닭하고 관련된 걸 많이 고릅니다. 예를 들어 닭 머리 사진을 골랐다고 해보죠. 이때 "그런데 여러 사진 중에서 왜 닭 머리 사진을 골랐습니까?" 하고 실험자가 물으면, "아까 닭발을 봤기 때문에 그 사진을 골랐어요"라고 대답하면서 보통 사람과 똑같은 반응을 보였어요. 재미있는 건 왼손입니다. 이번에는 왼손으로 사진을 집으라고 했어요. 왼손은 우뇌가 컨트롤합니다. 우뇌는 아까 분명히 겨울 풍경을 봤습니다. 말만 못했을 뿐이죠. 왼손 역시 겨울 풍경과 관련된 사진을 많이 선택합니다. 예컨대 눈 치우는 삽 같은 물건을 골랐다고 해보죠.

실험자가 물어봅니다. "여러 사진 중에서 왜 눈 치우는 삽을 골랐습니까?" 우뇌는 알고 있죠. 겨울 풍경을 봤으니까요. 실험자도 잘 알고 있습니다. 그런데 대답은 좌뇌가 해야 합니다. 좌뇌는 사실 겨울 풍경을 못 봤으니 눈 치운 삽 사진을 고른 이유를 모릅니다. 좌뇌로서는 "잘 모르겠습니다"라고 대답해야 맞는 말입니다. 하지만 문제는, 잘 모른다 소리를 절대로 안 한다는 것입니다. 좌뇌는 이제 거짓말을 하기 시작합니다. 예를 들어 "작년에 스키 탔던 게 기억났어요." 확인해보면 이 사람은 스키 탄 적이 없습니다. 아니면 어떤 환자는 이렇게 말합니다. "아침에 본 잡지에 눈사람이 있더라고요. 그게 생각났어요." 확인해보면 이 환자 역시 그런 잡지를 본 적이 없습니다. 이런 일이 한두 번 일어나면 우연이라고 할 겁니다. 그런데 다양한 상황을 만들어 수십 번, 수백 번 반복해보고는, 스페리는 다음과 같은 결론을 내렸습니다. '왼손이 눈 치우는 삽을 선택한 이유를 좌뇌는 모르지만 자신이 선택한 걸 보고 좌뇌는 그 선택을 정당화하는 스토리텔링을 한다.' 선택을 먼저 하고 선호도를 나중에 만들어낸다는 것입니다.

이게 분할 뇌 환자에게만 나타나는 증상이라고 봐야 할까요? 혹시 평범한 사람들도 그러지 않을까요? 선택이라는 건 단선적인 인과관계가 작용하는 결정이 아니라 상당히 복잡한 프로세스를 포함하는 결정입니다. 가령 여러분이 저한테 "몇 년 전에 한국으로 왔을 때 왜 카이스트로 갔습니까?" 하고 물어보면 제가 뭔가 하나는 대답할 수 있을 거 같아요. 그런데 그게 정말 그 당시에 생각했던 이유였는지는 저도 잘 모르겠어요. 그래도 이러쿵저러쿵 말은 할 수 있을 거 같습니다. 그런 식으로 우리의 선택을 좌우하는 것에는 유전·교육·환경·책·TV에서 본 것 등등 수백, 수천 가지 요인이 있을 겁니다.

어쩌면 우리는 선택을 먼저 하고 나서 그걸 보고 자신의 선택을 정당화하는지도 모릅니다. 스페리는 이렇게 주장했습니다. 뇌는 세상을 객관적으로 인식하는 기계가 아니고 자기 행동을 정당화하는 기계라고……. 결론은, 사람들이 대부분 선택을 해놓고 그것을 합리화한다는 겁니다. 그게 바로 뇌의 기능, 아니면 뇌의 여러 가지 기능 중 하나입니다.

몇 년 전에 맥도널드에서 커피를 팔기 시작할 때 실시했던 실험을 알아보겠습니다. 이 실험에 참가한 사람들은 분할 뇌 환자가 아닙니다. 대한민국의 보통 사람들입니다. 이 사람들한테 커피를 마시게 했습니다. 똑같은 커피를 두 잔에 나눠놓고, 하나는 2,000원, 다른 하나는 4,000원이라고 써 붙였습니다. 똑같은 커피입니다. 마셔보고 어느 커피가 더 맛있는지 선택을 하라고 했습니다. 그 이유를 들어보시죠.

참가자 A 4,000원짜리가 더 마음에 들어요. 2,000원짜리는 신맛이 좀 더 강한 거 같은데요. 4,000원짜리는 커피 향 자체에서 연기

향이 좀 더 깊게 난다고 해야 되나요?

참가자 B 4,000원짜리 커피가 더 맛있는 거 같은데요. 향이 좀 더 진하고요. 음…… 제가 좀 좋아하는 스타일인 거 같고요. 자꾸 그 쪽으로 손이 가게 되네요.

참가자 C 4,000원짜리가 제가 먹기에 좀 더 편하고 좋거든요. 부드럽고 향도 오래가고. 제가 맛에 좀 민감해서 그런지 모르겠는데요. 쓴맛이 조금 덜해서 시럽이나 설탕을 안 넣어도 될 만큼…….

도대체 이분들은 왜 그럴까요? 지금 좌뇌가 거짓말을 하고 있습니다. 분명히 똑같은 커피예요. 지난번에 착시 현상 알아볼 때, 사각형 A와 B의 밝기가 똑같은데 그중 하나가 그림자 안에 있다는 사실을 가지고 뇌가 밝기를 재해석하는 현상 기억나시죠? 똑같은 현상입니다. 여기서도 2,000원짜리 커피와 4,000원짜리 커피는 똑같아요. 혀는 맛이 똑같다고 판단했을 것입니다. 그런데 뇌는 우리 오감을 절대로 믿지 않거든요. 눈·코·입·귀에 문제가 있다고 여기고 재해석을 하기 시작합니다. 그런데 재미있는 건 이 재해석 과정에 자기 경험에서 비롯된 지식을 투영시킨다는 것입니다. 실험 참가자들이 생각하는 진실은 비싼 게 좋다는 겁니다. 자, 그렇다면 이제 문제가 생깁니다. 분명히 혀는 똑같다고 신호를 보내요. 그런데 자기 경험에서 나오는 지식으로는 4,000원짜리가 더 좋아야 됩니다. 과학에서는 데이터와 모델이 일치하지 않으면 모델을 바꿉니다. 그런데 뇌는 절대로 그러지 않아요. 뇌는 모델과 데이터가 일치하지 않으면 데이터를 버려요. 이 사람들의 모델, 즉 비싼 게 좋다는 지식은 20년 내지 30년 정도 걸려 만들어진 것입니다. 커피는 약 5초 동안 마셨을 뿐이에요. 20~30년 걸려서 형성된 모델을 단 5초의 경험으로 바꾸는 건 적절하지 않죠.

조현병 환자처럼 자아가 불안정한 사람이 아닌 다음에야, 평범한 사람들은 자신의 모델을 쉽사리 바꾸지 않습니다. 결국 자아라는 것은, 젖은 찰흙 같은 상태가 세월이 흐르며 점점 굳어지는 것처럼, 오랜 기간 동안의 경험과 해석들이 축적되어 만들어지는 것입니다. 간접 경험과 직접 경험, 나에 대한 기억, 나에 대한 다른 사람의 판단, 타인이 나에 대해 내린 판단을 나는 어떻게 생각하는지 등 이런저런 사고 과정을 거치면서 조금씩 자아가 완성돼 갑니다. 이 실험을 보면 모델이 데이터를 이겨버리는 것입니다. 손길이 자꾸만 4,000원짜리 커피로 간다고 하잖아요. 데이터가 지고 모델이 이겼습니다. 자, 이미 선택은 해버렸어요. 그런데 뭔가 찜찜합니다. 혀는 계속 맛이 똑같다고 신호를 보내고 있거든요. 찜찜한 기분에 대한 반작용일까요? 이제 좌뇌가 4,000원짜리가 왜 맛있는지 스토리텔링을 하기 시작합니다. 향이 진하고 어쩌고, 맛에 민감하고 어쩌고저쩌고……. 얼핏 들으면 상당히 논리적인 설명으로 들립니다. 상황을 모르고 들었다면 충분히 믿어도 될 만한 얘기들이죠.

뇌과학에서는 거짓말을 두 가지 종류로 구분합니다. 우선, 그냥 흔히 이야기하는 거짓말입니다. 자신이 거짓말하고 있다는 걸 알고 하는 거짓말이에요. 또 하나는 '작화confabulation'라는 게 있습니다. 작화를 병적으로 구사하는 증상을 작화증이라고 합니다. 작화는 내적인 일관성이 있고 나름대로 논리적인 발언입니다. 듣는 사람이 전체 상황을 모르면 충분히 납득할 만한 얘기죠. 일정한 맥락 아래 그럴 듯한 얘기를 술술 지어냅니다. 이처럼 아주 논리적이면서도 그럴듯한 거짓말을 작화라고 합니다. 스페리의 주장처럼, 뇌의 핵심 기능 중의 하나가 자신의 행동과 선택을 정당화하는 것일 수도 있습니다. 여러분도 일상생활에서 뭔가 선택을 해놓고 구구절절 말이 긴 사람은 한 번쯤 의심해보는 게 좋습니다. 그 사람의 내면에서 뭔가 일치하지 않는 게 있다는 반증일 수도 있거든요. 선택했는데 아무 이유 없이 좋으면 그게 제일 좋은 것입니다. 선택하고 나서 이게 왜 좋았는지 주변 사람들한테 자꾸 이야기하고 페이스북에 글을 올리고 다른 사람들한테 '좋아요' 버튼을 누르라고 강요하는 건 스스로도 내면에서 뭔가 찜찜한 게 있다는 겁니다. 그래서 사진 찍어 SNS에 올리고, '좋아요' 횟수로 자기 선택의 정당성을 확인받으려 하고……. 덕분에 소셜 미디어 업체만 돈을 벌죠.

자기 정당화는 왜 할까요? 우리는 다양한 선택을 하면서 살아갑니다. 로저 스페리 이론의 핵심은 이런 결정들이 서로 연결되지 않는다는 것입니다. 선택하는 행위 하나하나는 그 주변에 있는 수백 가지 요소들이 얽히고설켜서 이뤄지지만, 개별 선택 사이에는 아무 인과관계가 없어요. 즉 제가 파스타를 먹은 것과 5년 전에 카이스트를 직장으로 선택한 것과는 아무 관계도 없다는 말입니다. 그러나 인간은 선택을 하고, 그다음에 자신의 선택을 정당화함으로써 자기 인생에서 벌어진 선택들을 서로 연결시킬 수 있다고 합니다. 그런 이유로 그것을 했다, 이래서 이것을 했다, 그것을 한 것은 무엇무엇 때문이다……. 자신의 인생이 마구잡이가 아니라 서로 연결이 된다는 것입니다. 인생이 하나의 선으로 연결되고, 그 선이 자기 자아가 되는 것이죠. 그러니까 자아라는 건 사실 존재하지 않습니다. 기억에 남아 있는 자신의 선택을 스스로 합리화해서 자기 자신이 이 세상에 오직 하나만 존재하는 것인양 선을 그어 연결할 뿐이라는 얘기죠. 자기 자신이란 존재하지 않거나 여러 명입니다. 현재의 자신과 20년 전의 자신은 완전히 다른 사람입니다. 그렇지만 사람은 이 선을 계속 그어 점과 점을 연결함으로써 태어나서 죽을 때까지 자기 자신이 존재한다는 일종의 착시 현상으로 살아가는 것입니다.

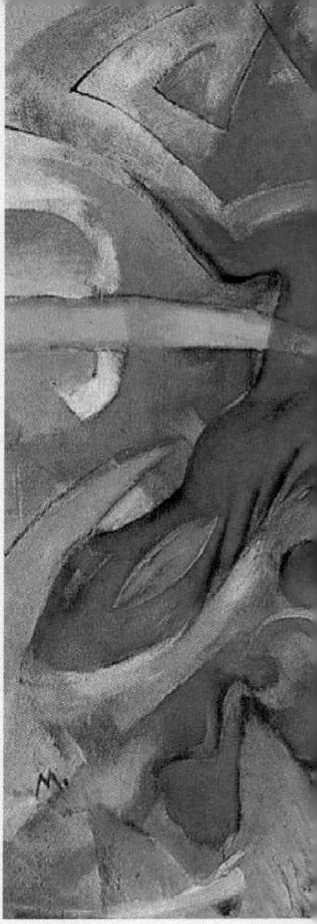

자아라는 건 사실 존재하지 않습니다. 기억에 남아 있는 자신의 선택을 스스로 합리화해서 자기 자신이 이 세상에 오직 하나만 존재하는 것인양 선을 그어 연결할 뿐이라는 얘기죠. 자기 자신이란 존재하지 않거나 여러 명입니다. 현재의 자신과 20년 전의 자신은 완전히 다른 사람입니다.

Franz Marc, Fighting Forms, 1914.

스토리텔링, 인류 발전의 원동력

"The truly unique trait of 'Sapiens' is our ability to create and believe fiction."

'사피엔스'의 독특한 특성은 허구적인 것을 창작하고 그것을 믿을 수 있는 능력이다.

— Yuval Noah Harari

Léon Spilliaert, Digue et plage, 1907.

인간의 뇌는 하루아침에 만들어진 게 아닙니다. 수백만, 수천만 년의 진화 과정을 거치며 형성됐습니다. 다만 영장류가 호모 사피엔스로 진화하고 나서는 뇌가 그다지 변하지 않았습니다. 이는 큰 미스터리 중의 하나입니다. 그전까지는 엄청나게 커지다가 호모 사피엔스부터는 뇌 크기가 변하지 않았습니다. 오히려 네안데르탈인의 뇌가 호모 사피엔스보다 더 컸습니다. 그런데 뇌 크기가 작은 호모 사피엔스가 뇌 크기가 큰 네안데르탈인을 멸종시켰습니다. 어떻게 된 것일까요? 영화 같은 데서 보면 네안데르탈인이 미개한 종으로 묘사되지만 절대로 그렇지 않아요. 호모 사피엔스보다 체격도 더 크고 건장했죠. 네안데르탈인은 동아프리카에서 유럽과 아시아 쪽으로 진출했는데, 호모 사피엔스가 등장하고 나

유발 하라리 지음, 조현욱 옮김, 『사피엔스』, 김영사

유발 하라리는 『사피엔스』에서 눈에 보이지 않는 것을 믿는 호모 사피엔스의 특성에 주목했다.

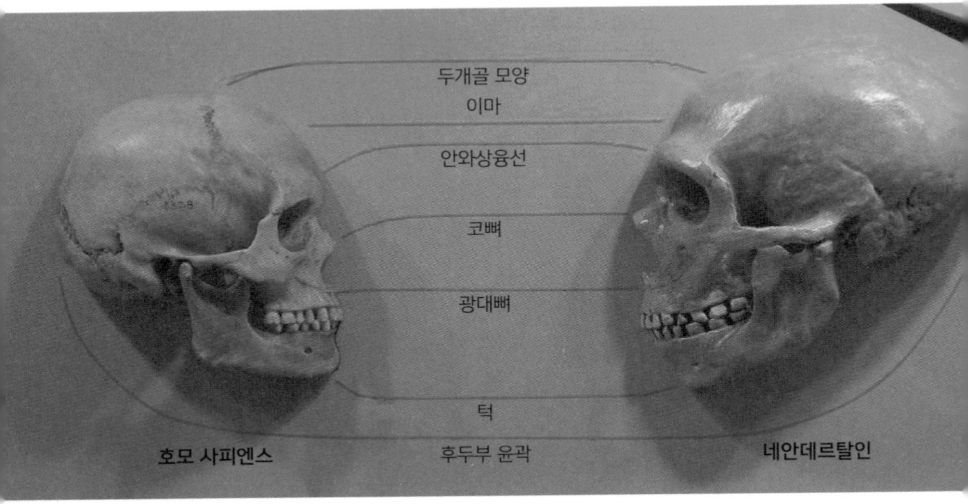

호모 사피엔스(왼쪽)와 네안데르탈인(오른쪽)의 두개골을 비교해보면 두개골 모양, 이마, 안와상윤선, 코뼈, 광대뼈, 턱, 후두부 윤곽에서 차이를 보인다. 이런 해부학적인 차이 외에도, 호모 사피엔스와 네안데르탈인은 뇌의 활용에서 차이를 보였는데, 호모 사피엔스는 생존하는 데 작화 능력을 크게 활용했다.

서는 완전히 멸종돼버렸습니다.

유발 하라리Yuval N. Harari가 쓴 『사피엔스Sapiens』를 보면, 네안데르탈인과 호모 사피엔스의 차이가 나와 있습니다. 이 책의 핵심 가설 중 하나는 호모 사피엔스에게는 일종의 정신병이 있다는 겁니다. 정신병이라고 불러도 되는지 모르지만, 그 정신병은 존재하지 않는 것을 상상할 수 있는 병입니다. 눈에 보이지 않는 것을 믿는다는 얘기입니다. 어떻게 보면 앞서 제가 설명한 좌뇌의 거짓말 능력이라고 얘기할 수도 있겠죠. 그러다 보니 어떤 일이 벌어졌을까요? 네안데르탈인은 현실주의자였습니다. 그들은 눈에 보이는 것만 믿었습니다. 네안데르탈인의 이런 선택과 행동은 진화에 영향을 끼쳤을 것입니다.

인간의 행동을 진화론의 관점으로 설명하자면, 인간의 삶의 목표 중 하나는 자신의 유전자를 다음 세대에 물려주는 것입니다. 우리는 당연히 자식들한테 잘해줍니다. 자기 유전자의 50퍼센트를 가진 사람이잖아요. 자신의 절반이죠. 부모가 자식에게 용돈으로 1만 원을 준다고 해봐요. 그중에서 5,000원은 본인이 다시 가져가는 겁니다. 결국 5,000원만 주는 셈이죠. 5,000원은 본인을 위해서 쓰는 것입니다. 유전적으로만 계산하면, 인간은 무리를 지어 살아가는 집단의 크기가 수십 명을 넘을 수 없었습니다. 육촌이나 칠촌 정도 되면 유전적으로 아무 의미도 없는 관계이거든요. 따라서 집단의 규모가 100명을 넘기기 힘들었습니다. 그 이외에는 모두 이방인입니다. 경쟁자들이죠. 원시 시대에는 집단의 크기가 아무리 커도 30~40명 정도였습니다. 네안데르탈인은 그 정도 규모의 집단을 이루고 살았어요. 그런데 호모 사피엔스는 정신병 또는 작화 능력 덕분에 보이지 않는 걸 믿기 시작했습니다. 이 말은 100만 명이 같은 나라에서 살고, 1억 명이 같은 종교를 믿을 정도로 집단의 규모가 훨씬 더 커질 가능성이 있다는 것을 뜻합니다. 네안데르탈인 개개인은 힘이 셌지만 무리의 규모가 작았습니다. 호모 사피엔스는 집단의 규모가 크니 서로 협력하면서 머릿수로 밀어붙였습니다. 네안데르탈인하고 싸워 이기는 원동력이었죠. 네안데르탈인은 주로 작은 동물들을 사냥하면서 살았습니다. 기껏 커봤자 사슴 정도? 호모 사피엔스는 매머드도 잡아먹었습니다. 매머드를 사냥하려면 적어도 200~300명은 있어야 됩니다. 결국 호모 사피엔스가 지닌 가장 큰 능력은 작화, 즉 이야기를 지어내는 능력이 아닐까요? 유발 하라리는 작화 능력이야말로 모든 민족·국가·종교·사회·제도가 만들어졌던 근거라고 주장합니다.

어쨌든 호모 사피엔스 이후 지금까지 뇌의 크기는 변하지 않았습니다. 그러다 보니 우리 뇌 안에 있는 하드웨어는 대부분 호모 사피엔스 시대의 세상에 맞게 적응된 상태입니다. 뛰어다니고, 사냥하고, 채집하고……. 그런데 우리는 그런 뇌를 가지고 현재를 살아가고 있습니다. 그러니까 우리 머리 안의 뇌는 현대 사회의 문제를 해결할 능력이 하나도 없습니다. 호모 사피엔스 본래의 뇌 기능에 비춰보면 그렇다는 얘기입니다. 예컨대 뇌 안에는 글씨 쓰는 영역이 없습니다. 진화 과정에서 습득한 적이 없습니다. 공간 지각 영역을 억지로 빌려 쓰고 있는 거예요. 현대 사회에서 우리가 하는 행동은, 원래 다른 기능을 수행하려고 만들어진 뇌의 회로망을 전혀 다른 데 사용하고 있는 겁니다. 그러다 보니 인간의 머리 안에는 '인지적 사투리cognitive accent'가 상당히 많이 존재합니다. 어렸을 때부터 영어를 사용하면 원어민처럼 유창하게 구사하겠지만 다 커서 영어를 사용하기 시작하면 모국어의 영향 때문에 사투리가 남게 됩니다. 그런 식으로 우리는 사실 다른 데 사용하라고 만든 뇌를 가지고 현대를 살아가고 있으며, 호모 사피엔스 시대에 적응한 뇌의 영향은 여전히 남아 있습니다.

어쨌든 호모 사피엔스 이후
지금까지 뇌의 크기는 변하지
않았습니다. 그러다 보니
우리 뇌 안에 있는 하드웨어는
대부분 호모 사피엔스 시대의
세상에 맞게 적응된 상태입니다.
뛰어다니고, 사냥하고,
채집하고……. 그런데 우리는
그런 뇌를 가지고 현재를
살아가고 있어요.

Tivadar Csontvary Kosztka, Ruins of the Greek Theatre at Taormina, c. 1904–1905.

과거·현재·미래가 공존하는 뇌

"We were not designed rationally, but are products of a convoluted history."

우리는 합리적으로 설계되지는 않았지만 복잡한 역사의 산물이다.

— Neil Shubin

Léon Spilliaert, House on the Promenade, 1907.

인간의 뇌에는 예전에 존재했던 뇌가 여전히 남아 있습니다. 흔히들 뇌를 컴퓨터에 비유하곤 하죠. 그 말이 타당하다면 우리 머리 안에는 컴퓨터 세 대가 동시에 돌아간다고 봐야 합니다. 예전에 있었던 뇌가 두 개 이상은 아직 존재한다는 거죠. 이런 여러 개의 뇌가 다양하게 반응합니다. 예를 들어 가장 오래된 뇌, 대개 파충류 뇌라고 부르는데, 이 파충류 뇌의 모든 행동 원리와 목표의 기준은 '지금'입니다. 현재 이외에는 없어요. 앞뒤 잴 것 없이 지금 당장 좋은 게 최고예요. 먹을 것이 보이면 지금 가서 먹고, 큰 놈이 있으면 도망가고……. 아주 단순합니다.

그러다가 돌연변이로 이상한 녀석이 하나 나타났습니다. 이놈은 '과거'의 일들을 기억하는 능력이 있습니다. 정보 저장 능력, 그

닐 슈빈 지음, 김명남 옮김, 『내 안의 물고기』, 김영사

닐 슈빈은 그의 책 『내 안의 물고기*Your Inner Fish*』에서 우리 몸속에 새겨져 있는 진화의 고리에 대해 언급한다.

러니까 하드디스크가 생긴 셈입니다. 이 돌연변이에게 행동의 흔적이 저장되는 해마hippocampus 같은 영역이 만들어진 거죠. 비로소 기억이란 게 만들어지기 시작했습니다.

사실, 과거에 있었던 일들을 기억한다는 건 엄청난 능력입니다. 예를 들어볼게요. 케이크가 있고 파충류가 그걸 먹었습니다. 그런데 배가 아파요. 케이크가 상했나 봅니다. 다음 날 같은 케이크가 보이면 파충류는 또 먹습니다. 기억하지 못하기 때문이죠. 현재는 과거의 미래입니다. 만약 과거를 기억한다면 케이크를 보면서 '잠깐, 이와 비슷한 상황에서 어떤 일이 벌어졌더라?' 하고 돌이켜볼 수 있습니다. 배가 아팠거든요. 그럼 그 케이크를 안 먹는 게 좋다고 생각할 겁니다. 똑같은 자극이 예상되는데 현재에만 충실하면 또 다시 잘못된 선택을 할 거겠죠. 그런데 과거를 기억하면 과거의 미래, 즉 현재 처한 상황에 따라 훨씬 더 영리한 선택을 할 것이고, 통계적으로도 기억할 수 있는 녀석들이 더 현명하게 행동할 가능성이 큽니다. 가장 오래된 뇌는 '지금' 위주이고, 그다음에 생긴 새로운 뇌는 '과거' 위주입니다. 그렇다면 과거의 미래가 좋았나, 나빴나, 즐거웠나, 슬펐나 등등의 상태를 구별할 방법이 있어야 하겠죠? 그걸 하나하나 구별하려면 그때그때의 상태를 알려주는 마음속 신호 같은 게 필요합니다. 예컨대, 슬펐던 상태라면 빨간 깃발, 좋았으면 파란 깃발, 이런 식으로 말이죠. 이렇게 마음속에 나부끼는 깃발이 바로 감정emotion입니다. 깃발 대신 빨간

불, 파란불이라고 해도 상관없습니다. 과거의 미래가 좋았다면 그 것과 관련된 어떤 것을 봤을 때 마음속에 파란 깃발이 올라옵니다. 좋다고 생각하는 대상에는 과거의 미래의 자신에게 어떤 일이 있었나를 기반으로 해서 그 상태가 다시 반복되도록 유도하려는 행동을 할 겁니다.

모든 감정은 기호symbol입니다. 예를 들어 배가 고프면 밥을 먹습니다. 여기서 배가 고픈 건 원인이 아니죠. 원인은 따로 있습니다. 몸에서 당이 떨어졌기 때문입니다. 당이 떨어졌다는 신호가 배가 고프다는 느낌으로 전달되는 겁니다. 운전할 때 기름이 떨어지면 자동차 계기판의 연료계 바늘이 아래쪽을 가리킵니다. 그 바늘이 밑으로 내려간 게 원인은 아닙니다. 진짜 원인은 기름이 떨어진 것입니다. 기름이 떨어졌다는 상태를 보여주는 게 계기판의 바늘이고, 우리는 그 바늘이 0에 가까워지면 기름을 넣습니다. 바늘은 그냥 기호예요. 감정은 기호일 뿐인데 감정과 기호의 상호관계가 계속 반복되니까 인과관계라고 착각하는 거예요. 잠을 자는 이유는 졸리기 때문이에요. 그런데 졸리는 게 원인은 아니에요. 몸에서 뭔가 필요하니까 졸립다는 신호를 만들어내는 것입니다. 이런 신호가 크면 클수록 중요한 것이겠죠. 중요하지 않은 건 신호가 그렇게 클 필요가 없습니다. 통증, 가장 큰 신호죠. 지금 팔이 잘리고 있다면 진짜 안 좋은 상황이잖아요? 엄청난 통증이 생기겠죠. 그 통증은 지금 큰일이 일어나고 있으니 당장 어

떤 조치를 취하라는 신호입니다. 감정은 이런 과정으로 만들어집니다. 감정의 기원은 결국 과거의 상태를 구별하는 기호 체제입니다.

그러다 다시 한 번 돌연변이가 일어나 뇌가 엄청나게 커진 영장류가 나타나고 마침내 인간이 등장합니다. '지금'과 '과거'는 이미 나왔고 이제 '미래'만 남았습니다. 우리 같은 동물에게 가장 중요한 인생의 목표는 미래 예측입니다. 그것을 예측 코드라고 부르죠. 우리는 지금 벌어진 일이 나중에 어떤 일로 이어질까 계속 예측하면서 살아갑니다.

로봇은 계단을 오르내릴 때마다 계단과 계단 사이의 간격을 측정하고 다리를 어떻게 움직여야 하는지 계산합니다. 그러다 보니 엄청 느립니다. 실수도 많이 하고. 그런데 사람들은 계단을 후다닥 오르내립니다. 인간은 계단을 오늘내릴 때 계산하는 게 아니라 예측을 합니다. 높이를 대충 가늠하고 그만큼 다리가 자동으로 움직여줍니다. 가끔가다 공사를 잘못해서 계단 하나가 좀 높거나 낮으면 다리를 헛짚을 때가 있는데, 이 사례만 봐도 우리가 예측을 기반으로 움직인다는 것을 알 수 있습니다. 인간은 책상 위에 놓인 컵을 손쉽게 들 수 있습니다. 로봇한테 컵을 들라고 하면 난리가 나죠. 일단, 컵을 살짝 들어봐야 합니다. 무게를 알아보기 위해서죠. 이 무게를 기반으로 힘을 얼마나 조절해야 하는지 계산해야 하거든요. 사람은 컵에 물이 차 있으면 경험으로 무게가 어느 정도인지 알기 때문에 힘 조절이 다 된 상태에서 컵을 들어올립니다. 로봇보다 훨씬 빠르죠.

결론적으로, 어떤 문제에 대응하는 뇌의 반응은 세 가지 이상입니다. 맨 밑에 있고 가장 오래된 '지금' 위주의 뇌, 그 위로 '과거'와 '미래' 위주의 뇌, 이 세 가지 뇌가 항상 싸우고 있습니다. 이 말은 세 가지 이상의 자아가 있다는 얘기입니다. 혹시 더 많을지도 모릅니다. 중간중간에 이상한 녀석들도 많이 있을 테니까요. 사람들은 평소에는 대체로 멀쩡하게 합리적으로 살아갑니다. 미래 위주의 뇌가 가장 최신 버전이라서, 밑에 있는 과거의 뇌와 지금의 뇌를 항상 누르고 있기 때문이죠. 그런데 누른다고 과거와 지금의 뇌가 죽은 건 아닙니다. 그냥 조용히 있을 뿐이죠. 간혹가다 미래의 뇌가 한계에 다다를 때가 있습니다.

운전을 예로 한번 들어볼게요. 운전은 진짜 어려운 일입니다. 시속 100킬로미터를 달리며 거울 세 개 봐야지, 핸들 조절해야지, 전방 주시해야지, 라디오 들어야지, 동승자와 얘기 나눠야지…… 이런 상태라면 운전자의 뇌 피질 용량은 꽉 차버립니다. 이럴 때 다른 차가 갑자기 끼어들면, 밑에서 웅크리고 있던 과거의 뇌와 지금의 뇌가 튀어나와서, 막 욕하고 난리가 납니다. 평소라면 절대 하지 않았을 행동이 고개를 치켜드는 거죠. 그 행동은 새로 만들어진 게 아니라 깊숙이 숨어 있던 것입니다. 만약 전쟁 같은 극한 상황이 닥치면 어떤 행동을 할지, 어떤 극단적인 선택을 할지 모릅니다. 인간의 행동에는 이처럼 '인지적 사투리'가 내재되어 있습니다.

이런 인지적인 사투리를 연구하는 분야가 행동경제학입니다. 일반 경제학에서는 인간이 합리적이라고 얘기하지만, 행동경제학은 다양한 이유를 들어 인간이 비합리적으로 행동한다고 주장합니다. 예컨대 '닻 내림 효과anchoring effect'라는 게 있습니다. 정박 효과라고도 하죠.

"아프리카 대륙의 국가는 몇 퍼센트나 유엔에 가입했을까요?" 피험자들에게 이런 질문을 던집니다. 사람들이 잘 모르거나 애매모호한 질문입니다. 대부분 잘 모릅니다. 이 질문을 받은 피험자 100명을 무작위로 두 그룹으로 나눕니다. 각 그룹의 사람들에게 아프리카 대륙의 국가는 몇 퍼센트나 유엔에 가입했을까요?

그룹 1 (먼저 숫자 10을 뽑게 함)
→ 대답 : 25

그룹 2 (먼저 숫자 65를 뽑게 함)
→ 대답 : 45

초기에 제시된 정보가 판단에 영향을 주는 것을 정박 효과, 혹은 닻 내림 효과라고 한다.

구매 수량 한도가 높을수록 매출을 증가시킬까?

그룹 1 (해당 통조림을 무한정 살 수 있음)
→ 평균 3.3개

그룹 2 (해당 통조림을 한 사람당 4개까지 살 수 있음)
→ 평균 3.5개

그룹 3 (해당 통조림을 한 사람당 12개까지 살 수 있음)
→ 평균 7개

사람들이 무언가를 선택할 때, 선택하기 전에 주어진 지시 사항에 영향을 많이 받는다.

0에서 100 사이의 번호를 나눠주는데, 첫 번째 그룹은 '10'을 뽑게 하고, 두 번째 그룹은 '65'를 뽑게 했습니다. 그런 다음 질문의 답을 말하게 했습니다.

번호 10을 받은 그룹은 25퍼센트가 유엔에 가입했다고 답하고, 65를 받은 그룹은 45퍼센트라고 대답합니다. 그러니까 사전에 주어진 번호가 피험자들의 답변에 영향을 줬다는 것입니다. 이걸 닻 내림 효과라고 합니다. '닻 내림 효과'란 닻을 내리면 배가 움직이지 않듯이, 어떤 판단을 내릴 때 초기에 접한 정보에 지나치게 집착함으로써 합리적 판단에 지장을 초래하는 현상을 말합니다.

다른 실험도 알아볼게요. 똑같은 통조림 수프가 있는데, 가격은 하나에 79센트입니다. 피험자들을 무작위로 세 그룹으로 나눈 다음, 첫 번째 그룹은 슈퍼마켓에서 해당 통조림을 무한정 살 수 있고, 두 번째 그룹은 한 사람당 네 개씩 살 수 있고, 세 번째 그룹은 한 사람당 열두 개까지 살 수 있다는 조건을 부여했습니다. 실험 결과, 첫 번째 그룹은 평균 3.3개, 두 번째 그룹은 3.5개, 세 번째 그룹은 7개를 샀습니다. 첫 번째 그룹과 세 번째 그룹의 차이는 무려 112퍼센트였습니다. 간단한 지시 사항 하나로 말이죠. 여기서도 역시, 어떤 선택을 해야 할지 모르는 상태에서 누군가 자기에게 뭘 던져주면 그냥 거기에 끌려간다는 것을 알 수 있습니다.

머그잔은 가격이 얼마일까요? 그냥 5,000원이라고 해보죠. 피

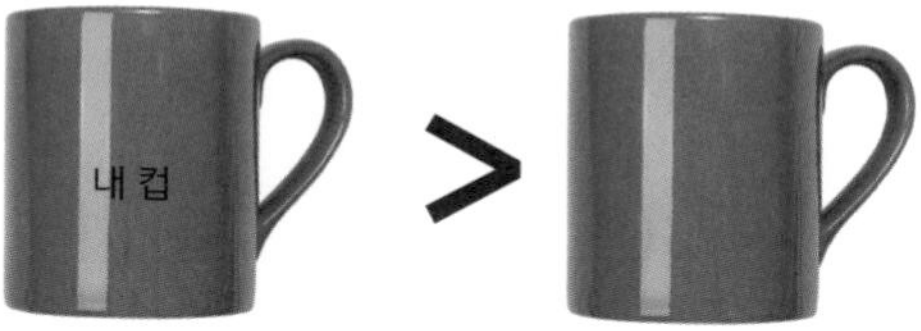

사람들은 똑같은 물건일 경우, 자신의 것이라는 상상만으로도 더 큰 가치를 부여한다.

험자들을 두 그룹으로 나누어 똑같은 머그잔을 보여주고 가격을 말해보게 했습니다. 조건은 두 가지입니다. 머그잔이 당신 것일 경우, 당신 것이 아닐 경우, 그냥 상상만 하라고 했습니다. 얼마라고 대답했을까요? 머그잔을 자기 걸로 생각하는 경우 5,000원 플러스알파가 됩니다. 20~30퍼센트 정도 더 값이 올라가요. 자기 것이라고 생각하는 순간 갑자기 호감도가 상승합니다. 똑같은 물건이지만 자기 것이라는 상상만으로도 가치를 더 부여한다는 것이죠.

선택 행위를 할 때의 뇌를 연구할 수도 있습니다. 뇌에는 보상 시스템이라는 게 있어서 특정 선택 행위를 할 때 보상을 받습니다. 알다시피, 뇌에서 도파민 같은 마약 성분이 만들어지면서 행복지수를 높여주죠. 이런 보상 시스템을 처음 발견한 실험을 소개해볼게요. 버튼 두 개가 설치된 실험 상자에 쥐를 넣습니다. 한쪽 버튼을 누르면 물이 나오고, 다른 쪽 버튼을 버튼을 누르면 쥐의 중격의지핵nucleus accumbens에 전기 자극이 주어집니다. 중격의

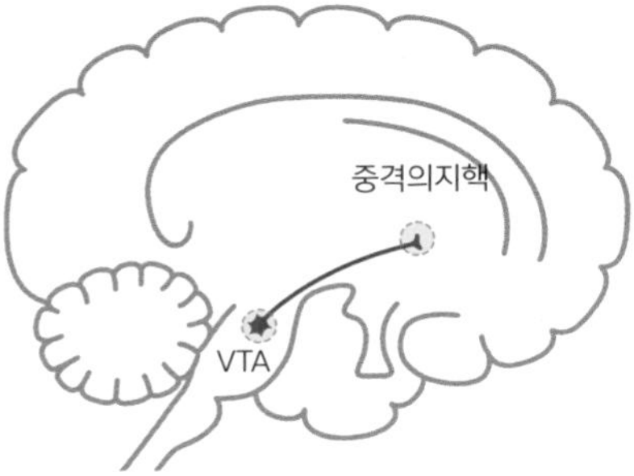

실험 결과, 쥐가 특정 버튼을 눌렀을 때 중격의지핵에 전기 자극이 주어지면, 쥐는 그 버튼을 계속 누른다. 중격의지핵이 자극되면 기분이 좋아지는 신경전달물질이 분비되기 때문이다.

지핵은 보상 시스템과 관련된 뇌 부위입니다. 처음에는 쥐가 이 버튼 저 버튼 마구 누르겠죠. 실험 결과, 상당히 많은 쥐들이 굶어 죽을 때까지 전기 자극 버튼을 눌렀습니다. 중격의지핵에 전기 자극을 받으면 쥐가 아주 좋아합니다. 그게 어떤 느낌인지는 몰라도 쥐에게 좋은 보상이 되는 건 분명합니다. 오죽하면 먹을 것, 마실 것을 모두 팽개치고 굶어 죽을 때까지 전기 자극 버튼을 누르겠어요? 담배·도박·게임, 어떤 것이든 모든 중독의 원인은 보상 시스템이 자극을 받기 때문입니다. 중독성이 강한 것은 보상 시스템 역시 강력하기 때문이라고 알려져 있습니다.

다음 실험은 앞에서 다룬 커피 실험과 비슷합니다. 유명한 콜라, 두 가지가 있죠? 코카콜라와 펩시콜라. 여러분이 펩시 사장이라면 정말 짜증나지 않겠어요? 자기네 것도 맛있는데, 거의 100년 동안

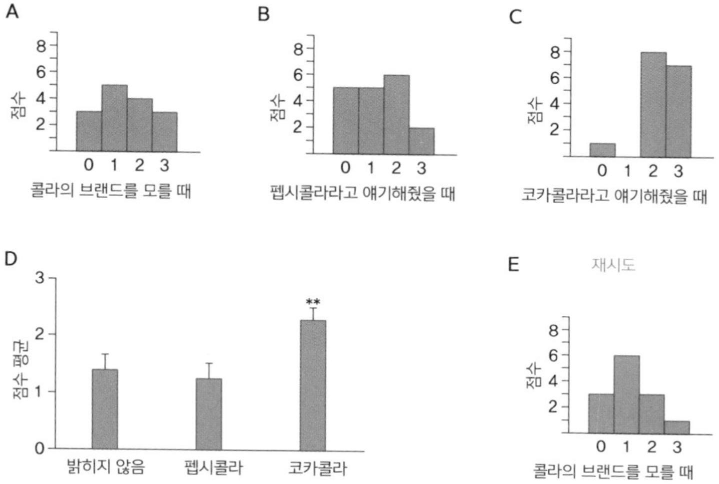

마시게 될 음료에 대한 정보를 줄 때와 정보를 주지 않을 때, 주어진 정보에 따라 피험자들의 반응이 다르게 나타났는데, 코카콜라라고 얘기해주었을 경우 호감도가 급상승했다.

코카콜라를 따라잡지 못하고 있습니다. 광고를 쏟아부으며 공격적인 마케팅을 펼쳐도 잘 안 되었습니다. 맛에서 차이가 나기 때문일까요? 2004년에 이를 확인해보는 실험이 이루어졌습니다. 코카콜라와 펩시콜라를 무작위로 갖다놓고 피험자들에게 마시게 한 것입니다. 위의 그래프 A는 코카콜라 선호도를 나타냅니다. 흔히 볼 수 있는 정규분포 곡선입니다. 재미있는 현상은 그래프 C에서 볼 수 있습니다. 피험자들에게 마신 게 코카콜라라고 얘기해줬더니 호감도가 급상승했습니다. 그래프 B를 보면, 펩시콜라

뇌는 브랜드에 따라 다르게 반응한다.

라고 알려줬지만 어떤 건지 몰랐을 때와 별다른 차이가 없습니다. 그런데 코카콜라는 아는 순간 호감도가 급상승한 것입니다. 그래서 코카콜라라는 사실을 알려주지 않고 다시 실험했더니 처음과 비슷한 결과가 나왔습니다. 그 결과가 그래프 E입니다. 이 얘기는 선호도라는 게 실제의 맛하고는 아무 상관이 없다는 것을 말해줍니다. 혀는 하나도 중요하지 않고, 코카콜라 브랜드를 확인하는 순간 맛의 차이를 느끼는 거죠.

코카콜라를 마실 때 피험자의 뇌를 들여다보면 행복지수가 올라갑니다. 아쉽게도 펩시콜라를 마실 때는 아무 반응도 없습니다. 펩시 사장이 이 실험 결과를 보면 정말 기가 막힐 겁니다. 천문학적인 돈을 들였는데도 이 모양이니……. 결국, 코카콜라라는 단어가 뇌 안에서 보상 시스템을 만들어낸다는 얘기입니다. 이와 달리 펩시콜라는 보상 시스템이 크게 작동하지 않았습니다. 이렇게 브랜드에 따라 뇌의 보상 시스템이 달리 작용합니다. 소비자의 마음을 사로잡는 브랜드 파워라는 게 이런 원리겠죠.

프라다, 저는 잘 모르지만 어쨌거나 좋은 제품일 겁니다. 만약 프라다 가방의 품질이 동대문 가방보다 열 배 좋다고 가정해보죠. 100배까지 좋지는 않을 겁니다. 이 세상에 100배 좋은 물건은 없어요. 그런데 가격은 100배 차이가 납니다. 사람들이 프라다라는 단어를 접하면 보상 시스템이 엄청나게 활성화된다는 얘기겠죠. 코카콜라도 그렇고 프라다도 그렇고, 이런 현상을 우리는 어떻게 받아들여야 할까요? 분명히 사람들의 뇌가 더 좋다고 하는 반응을 보이는 겁니다. 똑같은 가방을 가지고 동대문에서 샀다고 할 때와 프라다라고 할 때는 반응이 천양지차죠. 손으로 만지고 눈으로 봐도 별 차이를 못 느끼지만 브랜드 여부에 따라 뇌는 다르게 반응합니다.

조삼모사朝三暮四라고, 다들 아실 거예요. 원숭이한테 도토리를 아침에 세 개, 저녁때 네 개 준다고 하니까 싫다고 했는데, 아침에 네 개, 저녁때 세 개 준다니까 좋아하더라는 얘기입니다. 그게 그거 아니냐고 하겠지만, 우리는 똑같은 것이라도 먼저 받고 싶어 합니다. 진화 과정에서 뭔가 이유가 있었을 겁니다. 원시 시대에는 자신이 과연 내일도 살아 있을지 모르거든요. 그러면 뭔가 있을 때 일단 먹어두는 게 좋습니다. 아니, 내가 한 달 후에 어

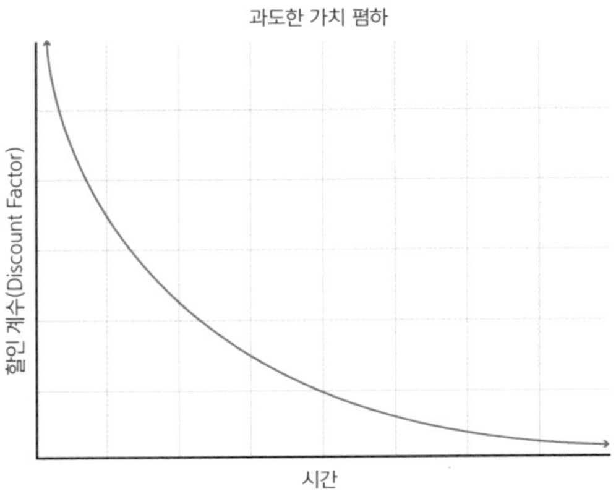

무엇인가를 주고받을 때, 인간의 뇌는 시간이 지날수록 그 물건의 가치가 떨어진다고 생각한다.

떻게 될지 모르는데 먹고 싶은 것을 꾹 참고 저축해둘 필요가 없잖아요? 좋은 게 있으면 우선 소비하는 게 최고입니다. 어차피 나중 일은 나중 일입니다. 아무리 좋은 게 있어도 나와 상관없을 수도 있습니다. 나중에 내가 살아남아 있으리라는 보장이 없으니까요. 그러다 보니 인간의 선택 행위에는 '과도한 가치 폄하Hyperbolic Discounting'라는 게 작용합니다. 시간이 지나면 가치가 떨어진다는 얘기입니다. 지금 당장은 가치가 높은 것이라도 그것을 한 달 후에 받는다고 생각하면 갑자기 가치가 떨어지는 것 같습니다. 예를 들어, 여러분이 지금 백화점에 가서 현금 10만 원으로 물건을 살 때와 10만 원을 신용카드로 긁을 때는 분명한 차이가 있습니다.

신용카드로 쓰면 훨씬 더 쉽게 결정을 내립니다. 신용카드는 당장 돈이 나가는 게 아니고 한 달 후에 나가거든요. 현찰로 결제하면 지금 10만 원이 지갑에서 빠져나가기 때문에 엄청 아까운 느낌이 듭니다. 신용카드는 한 달 후에 지불하니까 10만 원 마이너스 알파예요. 시간이 늦춰지는 만큼 가치가 떨어진다고 생각하는 것입니다.

지금 이 자리에서 실험 한번 해볼까요? 여러분에게 지금 한 사람당 5만 원씩 드릴게요. 동시에 여러분에게 선택권을 드릴 거예요. 지금 5만 원 받을래요, 아니면 석 달 기다렸다가 나중에 7만 원 받을래요? 여기서 석 달 후에 7만 원 받으실 분 누구 있나요? 석 달만 기다리면 2만 원을 더 받는데도 한 명도 없군요. 석 달 후에 과연 받을 수나 있는지 불확실하기 때문입니다. 지금 당장 실현할 수도 있는 가치를 유예시키면 그 가치가 떨어집니다. 그렇다면 석 달 후에 10만 원을 준다면 기다리겠다는 사람, 한번 손들어 보세요. 좀 많아졌네요. 석 달 후에 100만 원 준다고 하면 아마 더 많아질 겁니다.

이렇게 시간이 지남에 따라 가치가 체감되는 정도는 사람마다, 또 나라마다 다릅니다. 이런 질문을 해볼게요. 스웨덴과 브라질 가운데 미래 가치가 더 빨리 떨어지는 곳은 어디일까요? 다들 브라질이라고 하는군요. 왜 브라질일까요? 브라질은 스웨덴에 비해 미래가 불확실하다고 생각해요. 맞습니다. 스웨덴 같은 나라는

'과도한 가치 폄하' 곡선이 훨씬 더 완만합니다. 미래 가치가 훨씬 더 천천히 떨어집니다. 이라크는 어떨까요? 급격히 떨어지겠죠? 한 시간 후에 어떻게 될지 모르는 곳이잖아요. 우리나라는 스웨덴과 브라질 중 어느 쪽일까요? 당연히 브라질에 가깝습니다. 미래가 확실할수록, 다시 말해 예측 가능성이 클수록 이 곡선은 천천히 떨어지고, 그만큼 살아가는 현실이 대체로 재미없습니다. 대부분 도토리를 쌓아놓기 때문입니다. 미래가 불확실할수록 지금 이 순간이 재미있습니다. 도토리를 지금 당장 빨리 써야 하거든요. 변화무쌍하고 역동적입니다. 술도 많이 마시고, 친구들도 많이 만나고……. 어차피 나중은 나중이니까.

사실, 호모 에코노미쿠스라는 관점으로 보면 미래를 대비해 저축하는 게 맞습니다. 그런데 이 '과도한 가치 폄하' 때문에 대부분 노후 대책을 소홀히 합니다. 30년 후에 어떻게 될지 알게 뭐예요. 노후를 생각하면 소득의 60~70퍼센트를 저축해야 하는데, 누가 그렇게 하겠어요? 경제적인 이유도 있겠지만 돈이 있더라도 저축하지 않습니다. 원시 시대였다면 이게 적절한 생존 전략이었을 거예요. 당장 내일도 기약할 수 없으니까요. 문제는 사회가 발전하고 안정돼도 어떤 사람들은 석 달을 못 기다립니다. 석 달만 기다리면 2만 원을 더 받는데도 말입니다.

피험자들을 무작위로 나누어 두 그룹으로 만듭니다. 두 그룹을 각각 노란 팀과 파란 팀이라고 해보죠. 두 팀이 축구 경기를 하고 나머지 사람들은 그 경기를 지켜봅니다. 사실, 각 팀의 구성원들은 전혀 모르는 사이입니다. 공통점이라고는 단 하나, 팀 이름이 같은 색깔이라는 것뿐이죠. 이때 빨간 팀 선수 한 명이 다치는 장면을 보여줍니다. 실험자가 물어봤어요. "저 선수가 얼마나 아플까요?" 결과는 빨간 팀 사람들이 훨씬 더 안타까워했고, 노란 팀 사람들은 대수롭지 않다는 반응을 보였습니다. 단지 같은 색깔이라는 이유만으로 팔이 안으로 굽는 것입니다. '내집단 선호 in-group favoritism' 현상이 나타나는 거죠. 한일전 축구 경기가 진행되면 온 나라가 떠들썩해지잖아요? 당연히 우리는 한국 팀이 내집단, 일본 팀이 외집단 out-group 입니다.

이렇게 내집단과 외집단으로 나뉘다 보니 객관적인 사실이라도 완전히 다르게 해석합니다. 똑같은 커피이지만 비싼 게 더 좋을 거라는 단순한 생각 때문에 재해석이 일어나듯이, 똑같은 현실을 완전히 다르게 받아들인다는 겁니다.

리처드 도킨스 Richard Dawkins 는 이런 현상이 유전적인 요인에서 비롯된다고 설명합니다. 진화의 관점을 따르면, 자기와 비슷한 유전자를 가진 사람들한테 잘해주는 건 당연합니다. 유전자가 비슷한 사람에게 잘해주는 건 결국 자기한테 잘해주는 거잖아요? 자식에게 잘해주는 것의 50퍼센트는 결국 본인에게 잘해주는 것입니다. 할머니가 손주한테 잘해주는데, 할머니도 속으로 25퍼센트는 본인 몫이라고 생각한다는 게 진화심리학의 주장이죠. 매번

내집단이 있으면 적어도 하나 이상의 외집단이 존재한다. 집단으로 뭉치려고 하는 인간의 욕구는 생존에 유리하게 작용한 것으로 보인다. 그러나 이러한 내집단과 외집단으로의 구분은 수많은 차별과 갈등을 낳았다.

그런 계산을 하며 살지는 않겠지만 선택이 그런 방향으로 쏠린다는 겁니다. '자기 집단 중심적 이타주의parochial altruism'가 생기는 이유이기도 합니다. 자기와 가깝고 비슷한 집단에게는 이타적으로 행동한다는 것입니다.

원시 시대에는 열 명이나 스무 명이 무리를 지어 살았을 겁니다. 대가족이죠. 그런데 어느 순간 집단이 커지기 시작했습니다. 유발 하라리가 얘기하는 인간의 상상 능력, 혹은 보이지 않는 것을 상상하는 정신병 덕분에 그게 가능했습니다. 집단이 커지다 보니, 한 사회의 사람들 대부분은 자신과 상관이 없는 사람으로 이루어집니다. 빨간 팀 선수한테 좋은 일이 있다고 자기에게 도

움 되는 것이 하나도 없고, 그 선수한테 나쁜 일이 생긴다고 자기에게 손해될 것이 하나도 없습니다. 그런데 유전적으로 아무 상관이 없는 선수인데도 내집단 효과가 나타납니다. 어떻게 해서든 공통점을 바탕으로 삼아 자기와 비슷한 유전자를 가진 사람을 찾으려고 노력합니다. 같은 고향 사람, 동창, 선후배, 같은 억양 쓰는 사람, 비슷하게 생긴 사람, 비슷한 옷을 입는 사람, 비슷한 생각을 하는 사람, 비슷한 동네에서 온 사람……. 이런 것들이 다 내집단을 이루는 요인이 됩니다.

사실 아무 의미도 없고 억지로 갖다 붙이는 것도 많습니다. 특히 우리나라에서 심합니다. 얘기하다가 같은 학교 출신이면 갑자기 더 돈독해집니다. 비슷한 꼬투리라도 있으면 어떻게든 엮어서 내집단화하려고 합니다. 같은 유전자를 찾으려는 본능입니다. 그러다 보니 아무개가 당신 편이라고 누구한테 듣거나, 서로 유사한 점을 발견하면 그 아무개와 관련된 모든 것이 재해석되기 시작합니다. 이게 큰 집단을 만드는 데는 도움이 되었겠지만 현대 사회에 와서는 인류의 가장 큰 병폐가 됐습니다. 수많은 인종차별주의, 민족주의, 종교 간 갈등 등은 결국 비슷한 유전자인지 알아내려는 본능의 발로입니다. 점점 범위를 넓혀서 조금이라도 자기와 교집합이 있으면 내집단화하려고 하죠. 그런 교집합을 만들려고 SNS에서 '친구 맺기'도 하고 그러는 것 아닐까요? 옆집에 살던 사람의 동창의 누구의 뭐……. 이런 식으로 말입니다.

뇌의 종류와 기능은 다양합니다. 인간의 뇌에는 예전에 존재했던 뇌가 여전히 남아 있습니다. 흔히들 뇌를 컴퓨터에 비유하곤 하죠. 그 말이 타당하다면 우리 머리 안에는 컴퓨터 세 대가 동시에 돌아간다고 봐야 합니다. 예전에 있었던 뇌가 두 개 이상은 아직 존재한다는 거죠. 이런 여러 개의 뇌가 다양하게 반응합니다.

Roger de La Fresnaye, Castor and pollux, 1922.

기억과 자아의 흔적

"Mental processes all depend on organic molecules and cellular processes that occur literally 'in our heads'."

정신 과정은 모두 문자 그대로 '우리 머리 속에' 있는 유기 분자와 세포 과정에 의존한다.

— Eric Kandel

Léon Spilliaert, The The Three Arches, 1907.

이제 기억에 대해서 얘기하려고 합니다. 로저 스페리는 이렇게 주장했습니다. 자아란, 내 기억에 남아 있는 나의 선택에 정당성을 부여해서 내 인생이 일치된 것처럼 보이려고 만들어낸 거라고. 결국 나라는 존재는 일치화된 기억입니다. 왜냐? 현실은 일치하지 않았거든요. 현실은 모든 선택 사이가 연결되지 않았는데 기억에만 연결된 걸로 남아 있습니다.

H. M.은 뇌과학 분야의 유명 인사입니다. 나중에 헨리 몰레이슨Henry G. Molaison이라는 사람으로 밝혀졌는데, 본명보다 H. M.으로 더 유명합니다. 의학과 심리학에서는 환자를 보호하려고 이니셜로만 언급하는 경우가 많습니다. 카프그라 증후군capgras syndrome을 앓았던 '마담 M', 지그문트 프로이트Sigmund Freud의 환자였던 '안나 O' 등이 대표적인 인물입니다. H. M.은 뇌전증 환자였습니다.

1950년대만 해도 해마가 어떤 역할을 하는지 몰랐습니다. 병원은 환자 H. M.의 약물 치료가 별다른 효과가 없자 해마를 도려내는 수술을 했습니다. 그런데 큰 문제가 생겼습니다. H. M.은 수술하기 전까지의 기억은 다 가지고 있는데 새로운 기억을 만들지 못했습니다. 수술 뒤 55년 동안 H. M.은 매일 아침마다 일어나면서 물어보았습니다. "내가 왜 병원에 있나요?" 거울을 보면 "난 열일곱 살인데 왜 이렇게 늙었나요?" 병원 측에서 설명을 해줬죠. 이러이러한 이유로 해마 제거 수술을 했다고. H. M.은 다

H. M.으로 알려진 헨리 몰레이슨은 해마를 도려내는 수술을 받은 이후 새로운 기억을 만들어내지 못했다.

받아들이고 슬퍼했습니다. 지능이 떨어진 것도 아니고 감정이 사라진 것도 아니었습니다. 그런데 5분 후에는 똑같은 내용을 다시 물어봐요. 화장실 위치도 매번 가르쳐줘야 했습니다. 담당 간호사도 H. M.을 만날 때마다 마치 처음 만나는 사람처럼 자기소개를 해야 했습니다.

H. M.처럼 기억이 망가진 사람에게 자아라는 건 어떤 의미가 있을까요? 기계로 치면 H. M.은 5분마다 새로 껐다 켜지는 거잖아요? 이 사람은 기억을 연결할 수 없었습니다.

기억을 과학적으로 접근한 사람이 이반 파블로프Ivan Pavlov입니다. 파블로프의 개로 유명하죠. 음식을 보고 침을 흘리는 개에게 일정 기간 음식을 줄 때마다 소리굽쇠tuning fork 소리를 들려주니까 나중에는 개가 소리굽쇠 소리만 들어도 침을 흘리더라는 실험이었습니다. 조건 반사를 발견한 것이죠.

파블로프부터 행동주의behaviorism가 시작됐다고 할 수 있습니다. 고대 그리스 철학자부터 시작해 르네상스와 계몽주의를 거쳐 근대에 이르기까지 자연과학이 급격히 발달했지만 인간 자체에 대한 이해는 상당히 부족했습니다. 거의 아무것도 몰랐어요. 인간의 본성 같은 철학적이고 뜬구름 잡는 듯한 주제는 많이 다뤄졌지만 과학적인 접근은 부족했습니다. 신경세포가 독립적으로 존재한다는 사실도 20세기 초반에 들어서야 발견됐죠. 어떻게 보면 행동주의가 인간을 대상으로 하는 과학적 연구의 첫걸음이라고 얘기할 만합니다. 인간은 어떤 원리로 행동할까요? 파블로프 같은 행동주의자들은 인간은 태어나면서부터 조건화conditioning가 이루어진다고 대답합니다. 맞아요. 인간도 파블로프의 개와 똑같습니다. 자동차 회사가 레이싱 모델을 쓰는 것도 같은 원리입니다. 자동차를 파는데 그 옆에 왜 항상 미모의 모델이 서 있어야 하나요? 그 여자들은 자동차하고 아무 상관이 없는 사람입니다. 남자는 여자를 보면 좋아합니다. 게다가 예쁘기까지 하면 더 좋아합니다. 개가 음식을 보고 침 흘리는 것과 같은 이치입니다. 자동차만 볼 때는 침을 안 흘렸는데, 자동차 옆에 레이싱 모델이 몇

이반 파블로프

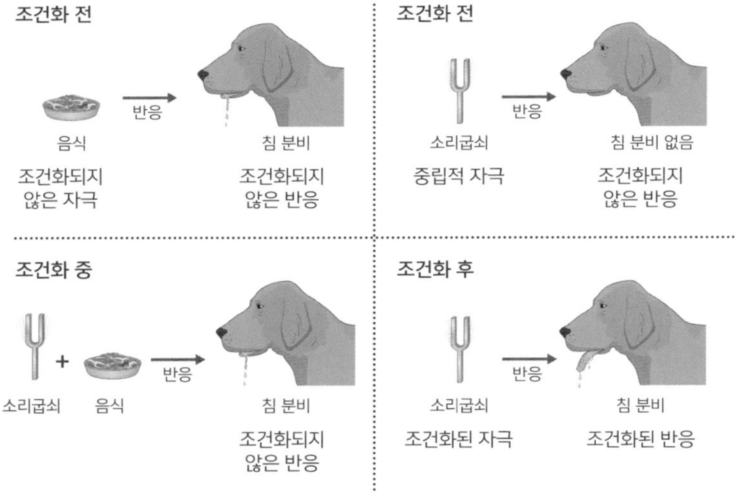

이반 파블로프는 개에게 음식을 줄 때마다 반복적으로 소리굽쇠 소리를 들려주는 실험을 통해 조건 반사를 발견했다.

번 같이 있었더니 그다음부터는 자동차만 봐도 침을 흘립니다. 여기서는 자동차가 소리굽쇠 기능을 하고 있습니다. 이제 자동차 하면 미모의 여성이 연상되는 조건이 형성된 것입니다. 광고의 원리도 이런 거겠죠.

행동주의는 1920~1930년대까지 과학계의 지배적인 사조였습니다. 미국의 저명한 행동심리학자 존 왓슨John B. Watson은 사람이 태어나서 어떤 식으로 학습을 했는지가 제일 중요하다며, 후천적인 경험의 중요성을 역설했습니다. 심지어 아이 100명을 무작위로 골라 자기에게 맡기면 한 명은 변호사, 한 명은 도둑, 한 명은 대통령 등으로 만들겠다고 큰소리쳤습니다. 이를 증명하려고 유명한 '꼬마 앨버트Little Albert 실험'을 했죠. 지금은 할 수 없는 실험입니다. 아동 학대로 당장 걸립니다. 그 당시만 해도 사람들은 기본적인 인권 감수성이 참 부족했습니다. 연구진은 앨버트라는 아이가 뭔가 행동을 하면 무서운 것을 아이에게 보여줬습니다. 처음에 토끼를 보여주면 안 무서워했습니다. 무서운 걸 보여주면 당연히 무서워했어요. 어떨 때는 아이에게 공포심을 주려고 망치로 강철봉을 쾅쾅 두드리기도 했습니다. 그다음에 토끼를 포함해 여러 물체와 무서운 것을 함께 보여줬죠. 그러다 보니 아이는 어떤 물체든 보기만 해도 울고불고 난리가 났습니다. 본명이 더글러스 메리트Douglas Merritte라고 밝혀진 아이가 나중에 어떻게 됐는지는 여러 버전의 소문이 있습니다.

행동심리학자 존 왓슨은 후천적인 경험의 중요성을 증명하기 위해 '꼬마 앨버트 실험'을 진행했다.

버러스 스키너Burrhus F. Skinner 역시 조건화, 즉 적절한 자극들 간의 연결을 통해서 원하는 행동을 만들 수 있다고 주장했습니다. 예를 들어, 비둘기가 우연히 몸을 옆으로 돌리면 먹이를 줬습니다. 그때마다 전등에 불이 들어오게 했죠. 이런 식으로 계속하면 나중에는 비둘기가 혼자서도 몸을 옆으로 돌립니다. 우연한 행동을 일정한 조건, 그러니까 몸을 돌리는 조건과 결합시켜 강화하면 그 행동을 스스로 학습한다는 것입니다. 불이 켜질 때마다 음식이 나온다는 걸 알기 때문에 비둘기가 자꾸 옆으로 돌리려고 합니다. 스키너는 이런 게 종교 또는 의식의 기원이라고 생각했습니다. 우연히 특정 행동을 했더니 비가 오더라, 그럼 그다음부터 그 행동을 계속 한다는 것입니다. 가뭄에 시달리다가 우

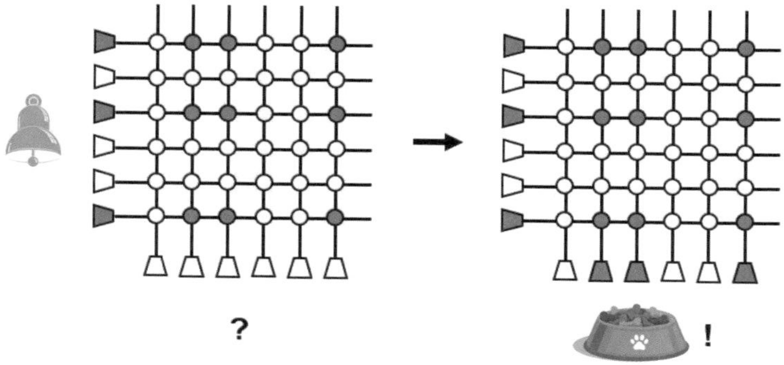

정보가 동시에 도착하면 시냅스가 더 강해진다.

연히 동물을 제물로 바쳤더니 비가 오더라, 그럼 동물을 바치고, 그러다가 가끔씩 사람을 바치니까 비가 더 오더라, 그럼 사람을 바치고……. 그런 식으로 모든 의식儀式이 우연한 조건화 과정에서 시작됐다고 스키너는 주장합니다.

이게 근거가 있는 말일까요? 완전히 근거 없는 주장은 아닙니다. 파블로프와 스키너 이론의 요지는 자극과 자극 간의 상호 관계입니다. 도널드 헵Donald O. Hebb은 이런 과정이 어떻게 만들어지고 또 어디서 만들어지는지 주목했습니다. 헵은 1949년에 아주 중요한 가설을 세웁니다. 신경세포와 신경세포는 시냅스로 연결됩니다. 신경세포 두 개를 동시에 전기로 자극하면 시냅스가 커진다는 것입니다. 그러면 정보가 더 쉽게 전달될 거라고 생각했습니다. 학습 과정도 이런 식으로 진행되는 게 아닐까 하고 말이죠.

나중에야 밝혀졌지만 학습 과정은 정말 그렇게 진행됩니다. 해마가 그 역할을 한다고 알려져 있습니다. 해마의 구조는 거의 매트릭스같이 생겼습니다. 앞 페이지 그림처럼 종과 음식을 계속 보여주면 이 종에 대한 정보와 음식에 대한 정보가 시냅스로 연결되겠죠. 여기서는 동그란 것들은 시냅스입니다. 그런데 정보가 동시에 도착하면 이 시냅스가 더 강해집니다. 그렇게 되면 나중에는 음식 없이 종에 관한 정보만 들어와도 머릿속에서는 음식이 만들어집니다. 이 원리가 맞으니까 자동차만 봐도 레이싱 모델이 연상되는 거 아니겠어요?

이 모든 과정이 해마에서 일어납니다. 파블로프나 스키너의 말이 완전히 틀린 건 아니지만 그게 전부는 아니라는 얘기입니다. 그중 하나의 메커니즘으로, 시간적인 자극과 자극 간의 상호 관계가 반복되면 시냅스가 강해져서, 한 가지 자극만 들어와도 나머지 자극에 대한 반응이 자동으로 만들어집니다.

우리 뇌 안에 있는 모든 정보는 시냅스와 시냅스가 강화된 상태로 연결되어 있습니다. 이게 기억입니다. 기억은 하드디스크 어딘가에 쓰여 있는 게 아니에요. 정보를 접할 때 대개 여러 정보가 동시에 들어옵니다. 예를 들어, 누구를 만나서 얘기를 나누면 그 사람의 얼굴 등 시각 정보와 목소리 같은 청각 정보가 확률적으로 비슷한 시간에 들어옵니다. 같은 물체, 즉 한 사람에게서 나오

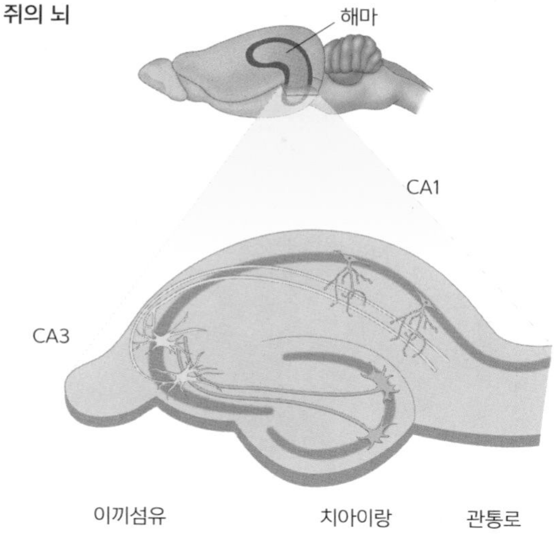

단기 기억은 해마에서 이뤄지는데, 시간적인 자극과 자극 간의 상호 관계가 반복되면 시냅스가 강해진다.

는 정보이기 때문입니다. 이 과정이 계속 반복되면서 얼굴과 목소리가 곱해져 해마에 입력되면 나중에는 그 사람의 목소리만 들어도 얼굴이 떠오릅니다. 아주 유명한 사람은 목소리만 들어도 얼굴이 생각나고, 거꾸로 얼굴만 봐도 목소리가 떠오르잖아요? 이런 식으로 모든 정보들은 서로 연결되어 있습니다.

그래서 가장 좋은 공부 방법은 이미 존재하는 정보에 새 정보를 연결시켜주는 것입니다. 시냅스를 강화시켜주면 되죠. 우리나라처럼 주입식 교육을 계속 반복하면 그 지식은 외딴섬 신세가

학습의 정석은 존재하는 정보들 간의 연결성을 많이 만들어놓는 것이다. 관련 정보와 지식이 조합되면 훨씬 더 고차원적인 생각으로 이어질 수 있다.

될 수밖에 없습니다. 연결이 안 돼 있으면 해당 정보가 어딘가에 존재는 하지만 다시 찾기가 힘듭니다. 학습에서 중요한 요소는 뇌에 입력된 정보를 얼마나 잘 끄집어내느냐입니다. 잘 꺼내야 배운 내용을 활용할 수 있죠. 그런 경우 많이 겪었을 겁니다. 어떤 배우 이름이 기억 날 듯 말 듯 한데 누군가 그 배우가 나왔던 영화 제목을 얘기하니까 불현듯 이름이 떠오르는……. 주변에 있는 정보가 지나가면서 시냅스가 활성화되니까 그게 생각나는 겁니다. 학습의 정석은 존재하는 정보들 간의 연결성을 많이 만들어놓는 겁니다. 그래서 시너지니 융합이니 학제 간 연구니 그런 얘기가 많이 나오는 것입니다.

A라는 사실을 'A, A, A, ……' 하고 100번 공부하면 나중에 찾지 못합니다. 그런데 'A라는 사실은 B하고 이렇게 연결이 되고, B는 알고 보니까 C고, C를 역사적으로 보면 이러저러한데 종교적으로 보면 이렇고, 물리적으로는 저렇고 진화적으론 요렇다' 하는 식으로 다양하게 생각하면서 그 범위를 점점 넓혀가면 모두 다 연결이 됩니다. 그렇게 되면 관련 정보와 지식이 조합돼서 훨씬 더 고차원적인 생각으로 이어질 수 있습니다.

우리 뇌 안에 있는 모든 정보는 시냅스와 시냅스가 강화된 상태로 연결되어 있습니다. 이게 기억입니다. 기억은 하드디스크 어딘가에 쓰여 있는 게 아니에요. 정보를 접할 때 대개 여러 정보가 동시에 들어옵니다. 예를 들어, 누구를 만나서 얘기를 나누면 그 사람의 얼굴 등 시각 정보와 목소리 같은 청각 정보가 확률적으로 비슷한 시간에 들어옵니다. 같은 물체, 즉 한 사람에게서 나오는 정보이기 때문입니다. 이 과정이 계속 반복되면서 얼굴과 목소리가 곱해져 해마에 입력되면 나중에는 그 사람의 목소리만 들어도 얼굴이 떠오릅니다.

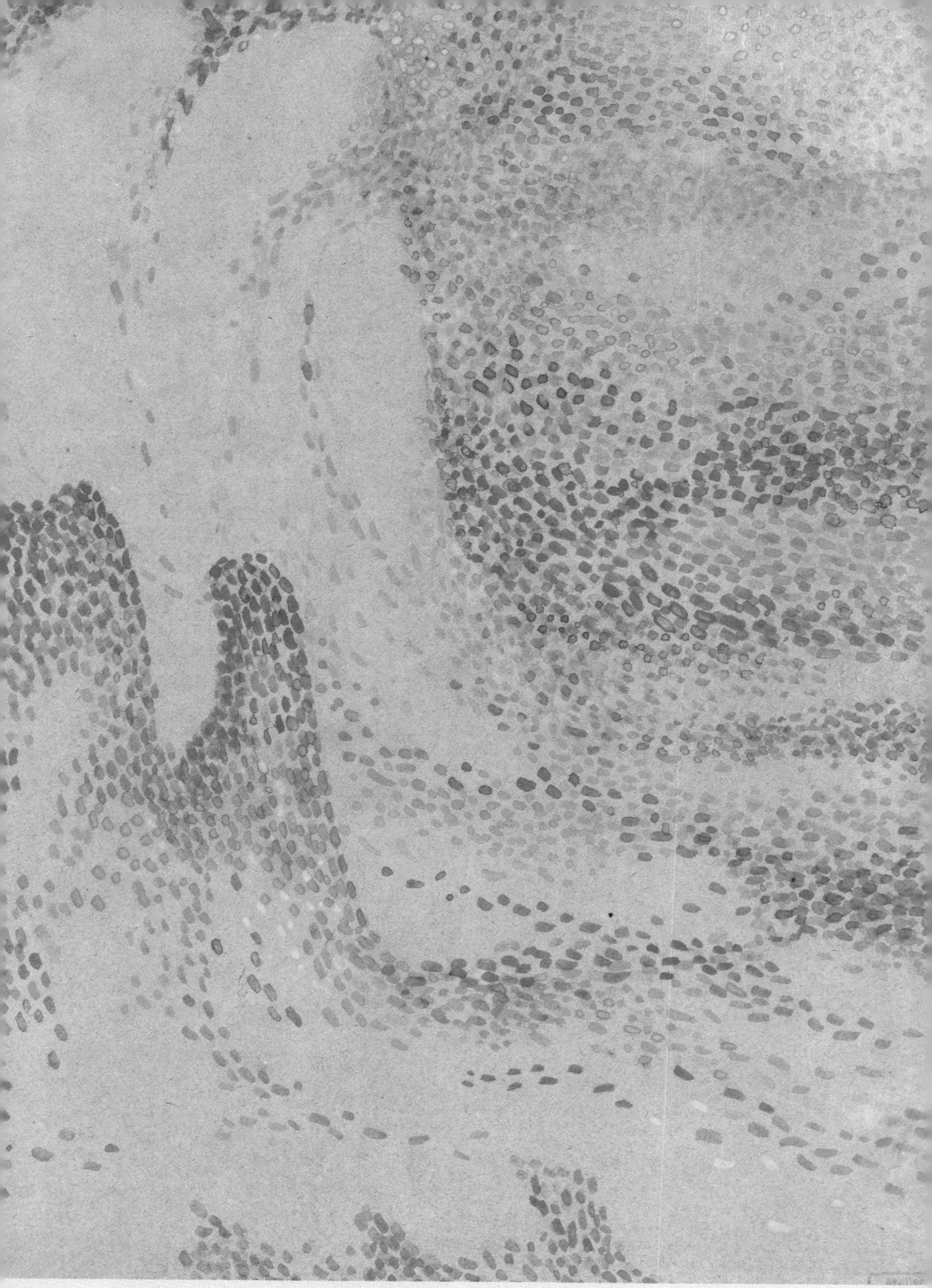

Hippolyte Petitjean, The Wave, 연도 미상.

결정적 시기의 교육

"I consider early childhood events as most essential to a man's scientific and philosophical development."

나는 어린 시절의 경험을 인간의 과학적·철학적 발전에 가장 필수적인 것으로 생각한다.

— Konrad Lorenz

Léon Spilliaert, Seashore, 1904.

기계와 뇌의 가장 큰 차이가 뭐라고 생각하시나요? 기계는 설계하고 만들면 그걸로 끝입니다. 그 자체로는 더 이상 발전의 여지가 없습니다. 그런데 뇌는 삶의 일정한 시기까지 계속 발달합니다. 약 10^{11}개 정도 되는 뇌 속의 신경세포들은 수천, 수만 개의 다른 세포와 연결되어 있습니다. 그 연결성은 총 10^{15}개나 됩니다.

우리는 연결성이 100퍼센트 완성되지 않은 상태로 태어납니다. 이 연결성을 대한민국 지도에 빗대어 생각해보죠. 태어날 때는 굵직한 고속도로 정도만 가지고 세상에 나옵니다. 예컨대 경부고속도로라면, 톨게이트 지나서 구체적인 장소까지 이어지는 자잘한 길은 아직 랜덤 상태로 남아 있습니다. 굵직한 고속도로에 정보가 입력되는데, 그 랜덤 상태의 길 중에는 맞는 길도 있고 틀린 길도 있을 겁니다. 살아가며 경험을 통해서 채워 넣는 겁니다. 모든 동물한테는 결정적 시기라는 게 있습니다. 동물마다 조금씩 다르죠. 오리는 태어나서 두세 시간, 고양이는 태어나서 4주에서 8주, 원숭이는 태어나서 1년, 사람은 태어나서 10년에서 12년 정도 됩니다. 결정적 시기에는 뇌의 시냅스가 거의 젖은 찰흙 같아서 말랑말랑합니다. 유연성이 있다는 얘기죠. 이 시기에 계속 사용하는 길은 살아남고, 사용하지 않는 길들은 싹 없어집니다. 뇌가 필요 없다고 생각하면 그렇게 됩니다.

1973년에 노벨 생리의학상을 받은 콘라트 로렌츠Konrad Z. Lorenz는 다음과 같은 실험을 했습니다. 갓 태어난 새끼 거위는 어

새끼 거위는 처음 본 대상을 쫓아다니도록 프로그램되어 있다.

미 거위를 인식할 수 있는 능력이 없습니다. 뇌가 너무 작기 때문이죠. 거위의 뇌는 알에서 나와 처음 본 대상을 쫓아다니도록 프로그램되어 있습니다. 거위로서는 그때가 결정적 시기입니다. 로렌츠는 새끼들이 막 알을 까고 나올 때 어미를 다른 데 숨겨놓고 자기가 그 앞에 서 있었습니다. 그랬더니 새끼 거위들이 평생 자기를 쫓아다녔다고 합니다. 그런데 똑같은 실험을 거위가 태어난 지 5시간 후에 하니까 소용이 없었습니다.

다음 실험은 제가 박사 과정 때 했던 실험과 비슷한 실험입니다. 결정적 시기일 때 고양이를 특정 무늬만 있는 상황에 놔두고 자라게 하면 나중에 커서도 이 무늬 외에 다른 건 알아보지 못합

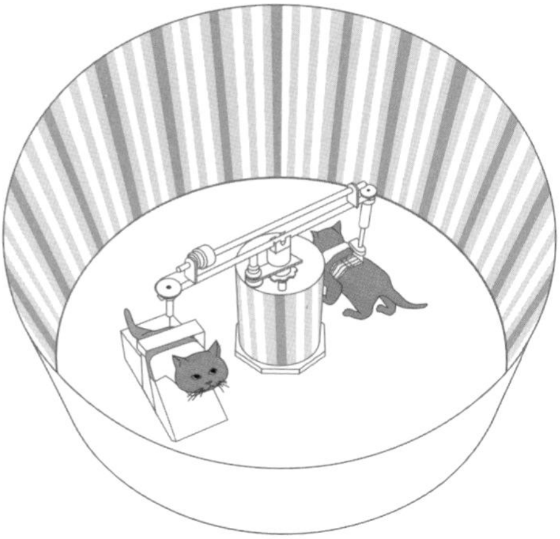

고양이가 결정적 시기일 때, 특정 무늬만 있는 상황에 놔두면, 성장한 이후에는 이 무늬 외의 다른 것은 알아보지 못한다.

니다. 그러니까 수직선 형태만 알아보고 0도는 못 알아보고 45도 각도도 못 알아봅니다. 이 실험을 통해서도, 뇌의 연결성에서 자주 사용하는 신경세포는 살아남고 그렇지 않은 것은 없어진다는 사실을 알 수 있었습니다.

우리는 대한민국이라는 사회에서 자라 뇌가 대한민국이라는 현실에 최적화되었습니다. 당연히 한국 사람한테는 한국이 제일 살기 좋습니다. 이 현실이 자신의 뇌를 만들었고 자아를 만들었습니다. 고향에 가면 마음이 편안한 이유가 뭘까요? 결정적 시기에 그 사람의 뇌가 거기서 만들어졌기 때문입니다.

일본에 물리학자 친구가 있는데, 얼마 전에 만났습니다. 어쩌

결정적 시기에는 누구나 동의하는 객관적인 내용을 가르치는 것이 더 낫다. 주관적인 시각이 반영되기 마련인 역사와 이념을 결정적인 시기에 배우면 거기서 벗어나기가 무척 어렵다.

다가 독도 얘기가 나왔습니다. 아주 똑똑하고 상당히 합리적으로 생각하는 친구인데도 억지를 썼습니다. 자기가 곰곰이 따져봤는데 아무리 생각해도 독도는 객관적으로 일본 땅 같다는 것입니다. 그래서 제가 말도 안 되는 얘기 하지 말라며, 너처럼 똑똑한 애가 왜 아베 신조安倍晋三 같은 생각만 하냐고 쏘아붙였습니다. 그래도 자기는 객관적으로 봤을 때 그렇다는 것입니다. 도대체 객관성이라는 게 뭘까요? 적어도 객관성의 절반가량은 유전이나 환경적 요인으로 정해지는데, 사람은 과연 그 틀에서 빠져나올 수 있을까요?

교육 분야에서는 창의력 얘기가 많이 거론됩니다. 창의력은 어떻게 만들어질까요? 뇌과학 입장에서는 간단하게 답할 수 있습니다. 가능한 한 많이 연결성을 유지하는 게 창의력의 기반입니다. 어렸을 때 한정된 경험밖에 못한다면 서울에서 부산으로 가는 길이 하나뿐이라고 생각할 수도 있습니다. 그 길이 막히면 아무 데도 가지 못해요. 그렇지만 다양한 경험을 많이 해서 어렸을 때 연결성을 많이 확보해놓는다면 다양한 생각을 펼칠 수 있을 겁니다. 주요 도로가 막힌다 해도 다른 길을 찾아낼 잠재력이 생깁니다. 그런데 이런 얘기를 하면, 사람들은 아이들을 조기 교육시키라는 소리로 알아듣습니다. 절대로 아닙니다.

어렸을 때의 뇌는 흡수력이 어마어마합니다. 예를 들어 세 살에서 다섯 살 무렵의 아이는 TV만 보고 있어도 하루에 단어를 수백 개씩 배웁니다. 거의 지식의 스펀지입니다. 어렸을 때 비싼 돈 들여 1년 동안 미국으로 조기 유학을 보내는 것과 주말에 이태원에 가서 인도 음식 먹는 것의 효과는 거의 비슷하답니다. 저 같으면 이태원으로 가겠습니다. 다양성도 좋지만 '비용 편익cost-benefit'을 따져봐도 더 낫습니다. 어린 시절의 뇌 흡수력을 감안하면 그냥 국내에서도 충분히 경험하게 할 수 있다는 겁니다. 주말에 애들 데리고 평소 경험하지 않았던 걸 보여주고, 영화 등 다양한 문화를 체험하게 해도 아이들은 스스로 상상을 펼쳐나가거든요. 더욱이 인간은 눈에 안 보이는 것도 상상할 수 있는 정신병을 기본적으로 탑재하고 있기도 합니다.

그렇다면 교육의 우선순위를 조금 바꿔야 하지 않을까요? 결정적 시기에 경험하는 것들은 우리 뇌에 들어와 탁탁 박히는 거나 마찬가지입니다. 뇌의 구조를 만들어가는 시기이거든요. 따라서 결정적 시기에는 누구나 동의하는 객관적인 내용만 가르쳐주는 게 좋다고 봅니다. 예컨대 수학·논리·인권 같은 과목 위주로 공부시키는 게 좋습니다. 역사나 이념은 나중에 가르쳐줘도 됩니다. 주관이 개입되기 마련인 역사나 이념을 결정적 시기에 배워 뇌에 고착돼버리면 거기서 벗어나기가 상당히 어렵습니다. 특정 관점에서 자유롭지 못하죠. 어렸을 때 배운 게 현재의 신경 회로망을 다 만들어버렸기 때문입니다. 우리는 이미 늦었지만, 좀 더 다양한 사람들이 합리적으로 살아가는 사회를 미래 세대에게 물려줘야 합니다. 그러려면 아이들에게 그런 뇌를 만들 환경을 조성해줘야 할 겁니다.

또 하나, 제 개인적으로는 초등학교, 중학교 선생님이 교수보다 월급을 많이 받아야 한다고 생각합니다. 초등학교, 중학교 때 선생님이 가르쳐준 것이 학생들의 뇌를 만들거든요. 이건 다시 되돌릴 수도 없습니다. 어찌 보면 이 시기의 선생님은 대학 교수보다 훨씬 더 중요한 역할을 하는 겁니다. 그래서 더 많은 보상을 받아야 하죠. 뇌의 발달 단계에 비춰보면 당연히 그래야 한다고 생각합니다. 물론 자격 요건을 강화해야 하겠죠.

결정적 시기에는 누구나
동의하는 객관적인 내용만
가르쳐주는 게 좋다고 봅니다.
예컨대 수학·논리·인권 같은
과목 위주로 공부시키는 게
좋습니다. 역사나 이념은
나중에 가르쳐줘도 됩니다.
주관이 개입되기 마련인
역사나 이념을 결정적 시기에
배워 뇌에 고착돼버리면
거기서 벗어나기가 상당히
어렵습니다.

Gustav Klimt, Rosebushes under the Trees, 1905.

뇌를 읽고 뇌에 쓴다

3장

뇌과학의 미래

브레인 리딩, 뇌를 읽다

"I think... if it is true that there are as many minds as there are heads, then there are as many kinds of love as there are hearts."

내 생각엔…… 사람 수만큼 많은 마음이 있다는 것이
사실이라면 마음만큼 많은 종류의 사랑이 있을 거예요.

— Leo Tolstoy, *Anna Karenina*

Kazimir Malevich, Suprematism Supremus, 1915.

영화 〈이터널 선샤인Eternal Sunshine of the Spotless Mind〉을 보면, 주인공이 실연당해서 그 기억을 지우려고 합니다. 어떤 기계 안에 들어가면, 사랑의 흔적이 담긴 물건을 볼 때마다 주인공의 관련 기억이 지워집니다. 뇌과학을 연구하는 사람으로서 이 장면을 볼 때마다 정말 부럽더라고요. 우리도 저런 기계가 있으면 얼마나 좋을까 하고 말이죠. 물론 영화에서 설명하는 뇌 영역은 전부 엉터리입니다. 어쨌거나 이런 일이 정말 가능할까요? 어떤 것을 보고 있을 때 뇌에서 어떤 일이 벌어지는지 우리가 측정할 수 있을까요?

2014년에 리메이크된 영화 〈로보캅Robocop〉에서 주인공은 사고를 당해 팔이 잘려나갔습니다. 우리가 뭔가를 보거나 생각하거나 행동을 취하면 뇌 안에서는 스파이크가 일어납니다. 우리가 이미 알고 있는 사실이죠. 영화에서는 그 스파이크들을 측정해서 명령을 내려 보냅니다. 뇌의 명령이 척추를 타고 팔로 전달돼서 힘줄을 움직여야 하는데 주인공에게는 팔이 없어요. 결국 인공 힘줄을 만들어 붙여 팔을 움직입니다. 영화 속 배경은 그 기술이 구현된 미래입니다.

그럼 그런 기술이 어디까지 와 있는지 한번 보겠습니다. 우선, 뇌를 읽어내는 게 중요합니다. 무슨 생각을 하고 있는지, 무엇을 보고 있는지 알려면 MRI를 이용하면 됩니다. fMRI를 이용하면 피의 흐름을 파악해 뇌가 어느 영역에서 활동하고 있는지 알 수

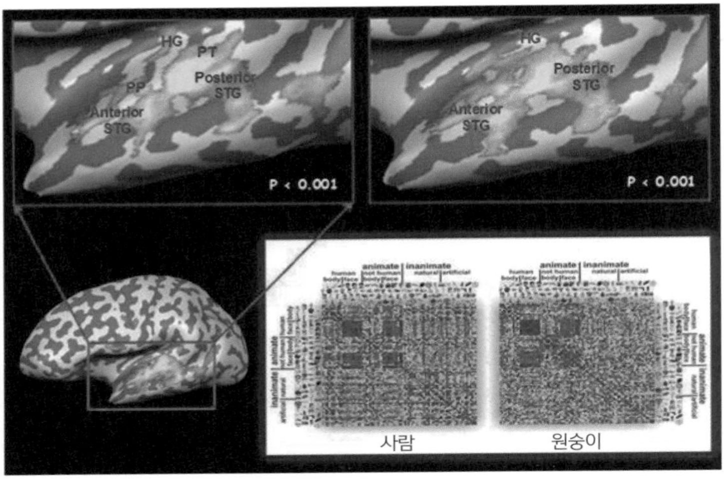

단어들을 들려준 다음 뇌의 자극 패턴을 분석해보면, 살아 있는 대상을 봤을 때의 패턴이 엇비슷하다. 살아 있는 대상을 봤을 때의 패턴은 살아 있지 않은 대상을 봤을 때의 패턴과 다르게 나타난다. (그림 속 약어는 다음을 뜻한다. STG: superior temporal gyrus, HG: Heschl's Gyrus; PP: plenum polare; PT: planum temporale)

있습니다. 물체를 보고 있을 때 뇌를 측정해보면 뇌 뒤쪽에 있는 후두피질occipital cortex이 자극을 받고, 소리를 들을 때는 뇌의 옆 부분이 자극을 받습니다. 그런데 약 10년 전에 새로운 발견을 했습니다. fMRI를 이용해 뇌가 어느 영역에서 활동하는지 알아내는 걸 넘어 그 영역에서 지금 어떤 정보가 처리되고 있는지 읽어내기 시작한 것입니다.

예를 들어, 집·사과·볼펜·사람·원숭이 같은 다양한 단어를 들려주고 그때의 혈류량을 측정하면 뇌 안에서의 자극 패턴 정보를 얻을 수 있습니다. 눈으로 구별할 수 없지만 이 패턴들 간의 상호 관계를 수학적으로 분석하는 방법은 많이 있습니다.

케임브리지 대학교의 니콜라우스 크리게스코테Nikolaus Kriegeskorte는 다음과 같은 실험을 했습니다. 피험자에게 수십 가지 사물을 보여줍니다. 사과·바나나·책상·의자 같은 사물을 하나씩 보여주고 그때마다 뇌를 측정했죠. 그러고 나서 컴퓨터 프로그램으로 비슷한 반응을 보이는 패턴끼리 분류해봤습니다. 신기하게도 살아 있는 대상을 봤을 때는 패턴이 서로 비슷했습니다. 살아 있지 않은 것을 볼 때와 달랐습니다. 살아 있는 것 중에서도 사람을 볼 때 패턴이 또 비슷했습니다. 동물을 볼 때와 통계적으로 다르게 나옵니다. 사람도 몸보다 얼굴을 볼 때, 얼굴도 같은 동성일 때 비슷한 패턴을 보였습니다. 원숭이를 대상으로 같은 실험을 했더니 거의 같은 결과가 나왔습니다.

이 실험에서 우리는 두 가지 시사점을 얻을 수 있습니다. 첫째, 원숭이도 사람과 꽤 비슷하게 세상을 볼 거라는 점입니다. 둘째, 이게 더 중요한데, 이 실험으로 '인지 사전'을 만들 수 있습니다. 이게 왜 사전이 될까요? 후속 실험에서는 실험자들이 피험자가 뭘 보는지 모르는 상태로 진행했어요. 뭔가를 보여줍니다. 그게 뭔지는 실험자도 모릅니다. 뇌에서 어떤 패턴이 생기겠죠? 그럼 이 패턴을 가지고 기존 패턴과 비교합니다. 혹시 기존 데이터와 통계적으로 비슷한 게 있을까? 예를 들어 예전에 빨간 사과를

왼쪽은 피험자가 눈으로 직접 본 것이고, 오른쪽은 컴퓨터가 추정한 결과이다.

봤을 때 그런 패턴이 나왔다고 하면 피험자가 본 것이 빨간 사과일 거라고 통계적으로 추론할 수 있다는 겁니다. 70~80퍼센트는 들어맞습니다.

버클리 대학교에서 몇 년 전에 실시했던 실험이 하나 있습니다. 지금까지는 사진을 가지고 실험했다면 이번에는 동일한 조건에서 동영상을 보여줍니다. 동영상을 볼 때 뇌에서 나오는 패턴으로 피험자가 뭘 봤는지 알아내려고 했던 거죠.

위 사진을 보면, 왼쪽은 피험자가 눈으로 직접 본 것이고, 오른쪽은 그걸 컴퓨터가 추정한 결과입니다. 당연히 실험자는 피험자가 뭘 봤는지 모르는 상태였고, 컴퓨터가 기존 데이터에서 패턴을 비교하면서 추정해낸 겁니다. 이 정도면 나쁘지 않은 것 같아요.

사진으로 실시한 실험에서는 약 스무 개의 사물을 보여주고 매

동영상을 보았을 때 나오는 뇌의 패턴을 데이터로 확보하면, 뚜렷하진 않더라도 패턴을 보고 동영상을 추정해낼 수 있게 될 것이다.

트릭스를 만들었습니다. 그런데 동영상의 가짓수는 거의 무한이에요. 우리가 이 세상에서 보는 것만큼이나 많습니다. 그 많은 동영상을 어떻게 확보할까 고민하던 연구진은 결국 유튜브에서 수많은 동영상을 긁어왔습니다. 그 전에 피험자들에게 몇 가지 동영상만 보여주면서 그들의 머릿속 패턴을 데이터로 확보했어요. 모든 동영상을 다 보여줄 수는 없으니까 그냥 수학적인 방법으로 추론한 겁니다. 예를 들어, a라는 동영상을 보여줬더니 A라는 패턴이, 동영상 b에는 B라는 패턴이 생긴다고 해보죠. 그걸 계속 반복하다 보면 '전달 함수transfer function'를 중간에 넣어서 수식을 거꾸로 풀 수 있게 만들 수가 있습니다. 그런 다음에 유튜브에서 가져온 수천만 개의 동영상을 가지고 인위적으로 만들어본 것입니

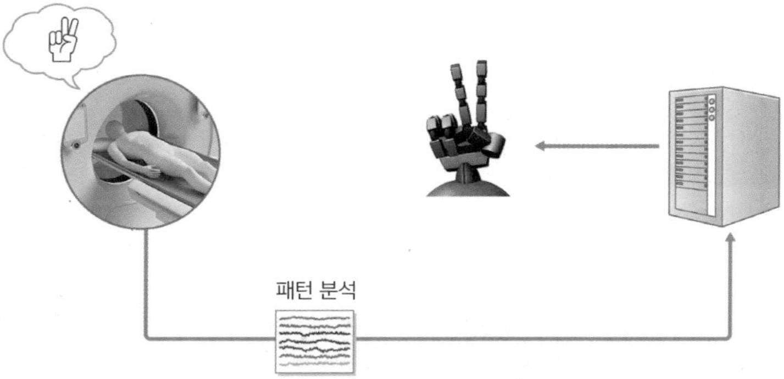

MRI 안에 있는 사람이 '찌'를 생각하면 이때의 뇌 패턴을 수학적으로 분석해서 로봇 손으로 '찌'를 표현할 수 있다.

다. 특정 동영상에 그 함수를 넣으면 뇌에서 어떤 패턴이 나올까 하고 말이죠. 실제 실험한 결과가 아니라 뇌에서 이런 패턴이 나오지 않을까 하고 시뮬레이션을 해본 것입니다. 그런 식으로 큰 사전을 만든 다음, 진짜 새 동영상을 보여주면서 피험자에게서 얻은 패턴과 시뮬레이션으로 만들어낸 사전을 비교해서 맞춰보는 겁니다.

앞에서 보듯이 결과가 뚜렷하지는 않습니다. 이건 통계적인 값입니다. 이 자체가 수식이 어렵지는 않은데 계산해야 할 양이 좀 많습니다.

일본에서 실시한 브레인 리딩Brain Reading 실험을 소개해볼게요. MRI 안에서 묵찌빠를 하면 그때마다 뇌의 패턴이 조금씩 달라지는 걸 볼 수 있습니다. 좀 전에 봤듯이 이런 패턴은 쉽게 구별할 수 있어요. 자, 이제는 묵찌빠를 상상만 해도 그 패턴을 알 수 있게 됐습니다. MRI 안에 있는 사람이 '찌'를 생각하면 이때의 뇌 패턴을 수학적인 방법으로 분석해서 '찌'라는 결과를 알아내고 로봇 손으로 '찌'를 표현할 수 있습니다. 사실, 여기서 로봇 손까지 연동시킬 필요는 없습니다. 이렇게 로봇 손까지 동원하면 뭔가 더 있어 보이긴 하죠. 가끔가다 언론의 조명을 받겠다고 다소 과장하는 경우도 있습니다. 가령, 피험자는 일본에 있고 로봇 손은 미국에 있는데, 마치 일본에 있는 사람이 생각만으로 미국에 있는 로봇을 컨트롤하는 것처럼 보이게 하는 거죠. 별것 아닙니다. 프로그램 다섯 줄짜리 써 넣고 인터넷으로 연결만 시켜주면 됩니다. 하지만 시청자에게는 엄청난 기술 같다는 착각을 불러일으키죠.

지금까지 본 사례들은 MRI를 이용했습니다. 알다시피 MRI는 신경세포 하나하나의 스파이크를 측정하는 게 아니라 피의 흐름을 측정합니다. 그러다 보니 몇 가지 문제가 있는데, 일단 측정 속도가 느릴 수밖에 없습니다. 둘째, 스파이크를 만들어내는 건 신경세포 하나인데 MRI로 찍을 수 있는 해상도는 기껏해야 밀리미터 수준입니다. 세포 수준에서 밀리미터는 엄청나게 큰 겁니다. 1밀리미터에 수많은 신경세포가 들어 있습니다. 예를 들어 지금 이 강의실에 있는 여러분 한 명 한 명의 생김새를 알고 싶은데, MRI의 해상도로는 강의실 전체만 볼 수 있는 것과 같습니다. 강의실 안에 있는 여러분의 생김새를 그냥 평균값으로 합쳐버리는 겁니다. 개개인의 고유한 특성이 드러나는 게 아니라 그냥 사람, 팔 두 개, 다리 두 개, 그런 식으로 나온다는 거죠. 그래서 해상도가 중요합니다. 아까 〈로보캅〉에서 본 것처럼 손가락 힘줄을 움직이게 하려면 손가락을 움직이는 영역에 있는 신경세포에 전극을 꽂아 하나하나 신호를 직접 관찰해야 합니다.

지금, 실제로 그렇게 하고 있습니다. 브라운 대학교에서 진행했던 실험을 소개해볼게요. 실험에 참여했던 환자는 유전 질환 때문에 척추에 있는 신경세포들이 죽기 시작했고, 그다음부터 거동이 불편해지더니 급기야 전신이 마비된 환자였습니다. 연구진은 이 환자의 운동 신경세포에 약 100개 정도의 전극을 꽂아 반응을 관찰했습니다. 그런 다음 환자의 상상만으로도 특정 동작을 구현할 수 있게 했습니다. 예를 들어, 팔을 들었다가 내리는 생각을 하면 그때 만들어지는 스파이크들의 신호를 패턴 인식으로 실시간 분석해서 생각하는 대로 로봇 팔을 움직일 수 있게 한 것입니다. 이런 생각은 뇌에서 이루어지잖아요? 뇌에서 특정 명령을 내리면, 그 명령을 읽어내 로봇 팔을 움직이게 하는 것입니다.

유사 사례는 많습니다. 어떤 환자는 교통사고로 몸이 마비됐는데 상상만으로 로봇 팔을 움직일 수 있었습니다. 뇌에서 스파이크 신호를 읽어서 컴퓨터로 실시간 분석을 하는 겁니다. 신체가 마비돼도 뇌만 멀쩡하면 이런 게 가능합니다. 뇌에서 그냥 팔을 움직이겠다는 신호를 만들어내기만 하면 되니까요. 이 환자는 거의 10년 만에 처음으로 본인의 의지에 따르는 행동을 하는 거였습니다. 비록 자기 팔은 아니지만……. 엑소스켈레톤exoskeleton이라고, 로봇을 외골격 장치로 만들어 착용하는 방법도 있습니다. 현재 연구가 활발히 진행되고 있습니다.

지금까지 설명한 내용은 브레인 리딩과 관련 있습니다. 상상하거나 물체를 보거나 할 때 뇌에서 벌어지는 일들을 읽어내는 겁니다. 이 분야는 지난 몇 년 동안 정말 많이 발전했습니다. 우리는 뇌 신호를 조금씩 이해해왔으며, 컴퓨터 기술과 기계 학습 분야가 발달해서 뇌에서 만들어내는 신호를 실시간으로 다 읽어낼 수가 있게 되었습니다. 그렇다면 브레인 리딩을 할 수 있으니 역으로 브레인 라이팅Brain Writing도 가능하지 않을까요? 브레인 라이팅이란, 간단히 말해 원하는 정보를 뇌에 심어주는 겁니다. 영화에서는 이미 벌어지고 있죠.

지금까지 설명한 내용은 브레인 리딩과 관련 있습니다. 상상하거나 물체를 보거나 할 때 뇌에서 벌어지는 일들을 읽어내는 겁니다. 이 분야는 지난 몇 년 동안 정말 많이 발전했습니다.

Ferdinand Hodler, Lake geneva with mont blanc in the morning light, 1918.

우리는 뇌 신호를 조금씩 이해해왔으며, 컴퓨터 기술과 기계 학습 분야가 발달해서 뇌에서 만들어내는 신호를 실시간으로 다 읽어낼 수가 있게 되었습니다.

브레인 라이팅, 기억의 편집

"I mean, I have the feeling that something in my mind is poisoning everything else."

내 말은, 내 마음속에 있는 무언가가 다른 모든 것을 중독시키고 있다는 느낌이 든다는 거야.

— Vladimir Nabokov

Kazimir Malevich, Black Suprematic_Square, 1915.

아널드 슈워제네거Arnold Schwarzenegger가 주인공으로 나오는 영화 〈토탈 리콜Total Recall〉은 제가 가장 좋아하는 영화입니다. 이 영화를 보면, 리콜이라는 회사가 새로운 경험을 상품으로 판매합니다. 고객의 뇌에 그 경험을 심어준다는 겁니다. 리콜 회사의 광고를 보면, 평범하고 지루한 일상을 벗어나 해저 여행도 하고 화성 여행을 떠나라고 부추깁니다. 다만, 실제 여행이 아니라 그런 내용이 담긴 기억을 구입하라는 것이죠. 자, 이게 과연 가능할까요? 여기서 핵심은 새로운 경험을 심어주는 겁니다. 여러분도 알다시피 모든 경험은 결국 뇌 안에서 일어나는 신경세포의 스파이크입니다. 그 과정을 완벽하게 이해하면 역으로 경험을 뇌에 이식할 수도 있지 않을까요?

몇 가지 방법이 있습니다. 일단, 신경세포 하나하나에 전기 자극을 주면서 관찰합니다. 만약 빨간 사과를 볼 때 신경세포가 어떻게 반응하는지 완벽하게 이해하면 그 자극을 고스란히 주면 되겠죠. 그럼 신경세포가 연결돼서 사과가 없어도 빨간 사과가 보이는 것처럼 느낄 겁니다. 그러나 몇 가지 문제가 있기는 합니다.

첫째, 기억이나 경험은 신경세포 하나가 아니라 수천만 개, 수억 개가 합쳐서 만들어질 텐데, 이런 방법으로는 신경세포 하나씩밖에 자극을 못 줍니다. 둘째, 브레인 라이팅을 하려면 수술을 해야 합니다. 그런데 멀쩡한 사람에게, 기억을 심어주겠다며 당신의 두개골을 뚫고 뇌에 전극을 집어넣자고 하면 누가 하려고 할

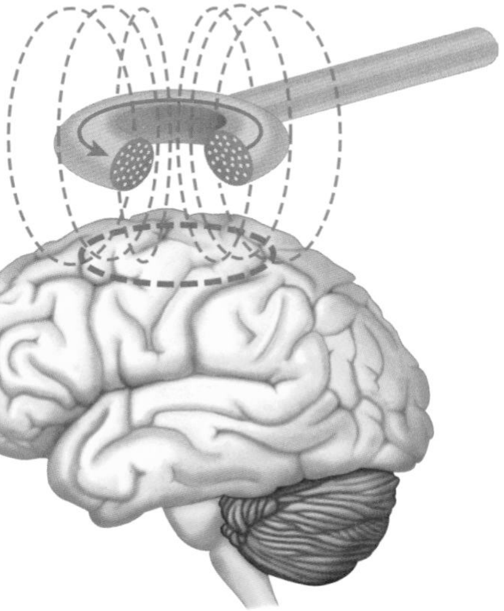

경두개 자기 자극술은 뇌 바깥에서 강력한 자기장을 줌으로써 신경세포의 전기 반응을 유도한다.

까요?

현재, 정보를 심어주는 방법 가운데 '경두개 자기 자극술 Transcranial Magnetic Stimulation'이라는 게 있습니다. 대개 TMS라고 부르는데 뇌 바깥에서 강력한 자기장을 주는 겁니다. 자기장을 주면 신경세포에 전기 반응을 만들어낼 수 있습니다. 현재 병원에서 많이 쓰고 있는 방법입니다. 우울증 치료에 효과가 있다고 합니다.

일상생활은 선택의 연속입니다. 선택 자체도 일종의 패턴입니다. 전두엽에서 어떤 패턴이 한쪽으로 쏠리면서 선택 행위가 이루어진다고 알려져 있습니다. 그런데 우울증 환자들은 비행기가 착륙하지 못하고 계속 뱅글뱅글 선회 비행을 하는 것처럼 이런 패턴이 전두엽에서 한쪽으로 쏠리지 않습니다. 그래서 선택을 하지 못하는 것입니다. 이때 강한 자극을 주면 패턴이 한쪽으로 쏠린다고 합니다. 그러니까 TMS로 뇌의 패턴을 흔들어놓는 것입니다. 아침에 침대에서 못 일어날 정도로 우울증이 심한 환자에게 TMS로 자극을 주면 금세 기분이 좋아집니다. 문제는, TMS를 딱 끄면 다시 우울증 상태로 돌아간다는 겁니다. 이 방법은 뇌에 새 자극을 만들어주는 거잖아요? 어떻게 보면 뇌를 켜는 거죠. 역으로 생각할 수도 있습니다. 다시 말해 신호만 잘 보내면 뇌를 끌 수도 있죠.

저도 TMS 자극을 몇 번 받아봤는데 정말 기분 안 좋은 경험이었습니다. 우리는 팔을 움직이게 하는 뇌의 영역이 어디인지 알고 있어요. 팔을 계속 움직이다가 그 영역에 자극을 주면 갑자기 팔이 움직이지 않습니다. 뇌에서 언어 처리를 담당하는 곳은 좌뇌의 옆 부분인데, 거기에 TMS 자극을 아주 강하게 주면 그 부분만 끌 수 있습니다. 그럼 갑자기 말을 하지 못합니다. 그러니까 거의 가위에 눌린 것처럼 몸이 말을 듣지 않는 거예요. 제일 기분 안 좋았던 건, 전두엽 쪽에 자극을 주니까 정말 쉬운 계산 문제, 예컨대 2 더하기 2, 3 더하기 4, 이런 걸 못하는 거였습니다. 그 순간에 갑자기 계산이 안 돼요. 이렇게 TMS 자극으로 어느 특정 영역을 잠깐 끌 수도 있습니다.

하지만 전극 방법이나 TMS 방법은 기본적으로 한계가 있습니다. 뇌에는 10^{11}개의 신경세포가 서로 연결돼 있습니다. 어느 곳이든, 그곳에 전기 신호를 주거나 자기장을 쐬주면 주변에 있는 모든 세포가 반응을 보입니다. 당연하죠. 서로 연결돼 있으니까 자극이 퍼질 수밖에 없습니다. 하지만 엄밀히 말해, 이건 브레인 라이팅이라고 할 수 없습니다. 가령 여러분한테 A4 용지를 나눠주고 글을 쓰라고 하면 흰색 종이의 일부분을 까맣게 바꾸는 것입니다. 물리적으로 따지면 그렇다는 얘기죠. 흰색 배경과 까만 글자의 차이를 가지고 정보를 입력하는 건데, TMS 방법은 뇌에 까만 먹칠을 해버리는 거나 다름없습니다. 이 말은 뇌를 켜거나 끌 수는 있지만 정보를 입력할 수 없다는 얘기입니다. 정보를 입력하려면 원하는 신경세포만 개별적으로 통제할 수 있어야 합니다. 예를 들어 신경세포 A, B, C, D 중에 A와 D는 켜고 B와 C를 꺼서 1, 0, 0, 1 상태를 만들 수 있어야 뭔가 정보를 입력하는 것입니다. 그런데 TMS를 사용하면, 우리가 집어넣고 싶은 정보는 1, 0, 0, 1인데 그냥 1, 1, 1, 1 또는 0, 0, 0, 0이 돼버리는 겁니다. 1, 1, 1, 1은 뇌를 켠 것이고 0, 0, 0, 0은 뇌를 끈 겁니다. 이 두 가지 상태를 만들 수는 있지만 브레인 라이팅은 안 되는 거죠. 전기 자극을 주면 주변에 있는 신경세포들이 다 반응할 수밖에 없습니다.

원하는 신경세포만 켜고 원하지 않는 세포를 끄는 방법이 있어야 가능한 일입니다. 이것은 어떻게 가능할까요? 새로운 길을 연 것은 광유전학이었습니다.

스탠퍼드 대학교의 칼 다이서로스Karl Deisseroth 교수가 개발한 광유전자Optogenetic 방법을 소개해볼게요. 저도 일부 참여해서 〈네이처Nature〉에 논문도 같이 냈는데, 원리는 이렇습니다. 신경세포가 두 개 있습니다. 하나는 켜고 다른 하나는 끄고 싶어요. 즉 1, 0의 상태를 만들고 싶은데 기본 전기 자극을 주면 1, 1이 돼버

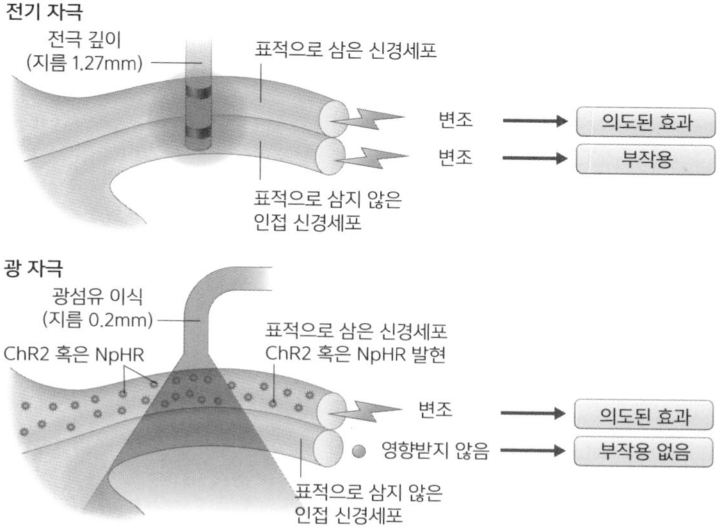

광유전자 방법을 쓰면, 원하는 신경세포들만 골라 유전자를 조작할 수 있고 빛 색깔로 원하는 신경세포를 골라 자극을 줄 수 있다.
(그림 속 약어는 다음을 뜻한다. ChR2: Channelrhodopsin-2; NpHR: Halorhodopsin)

립니다. 이건 라이팅이 아닙니다. 그런데 광유전자 방법을 쓰면 원하는 신경세포들만 골라 유전자를 조작할 수 있습니다. 신경세포마다 지문 같은 게 있어서 콕 집어 골라낼 수가 있거든요. 원하는 신경세포의 유전자를 조작해 자극을 주면 해당 신경세포는 전기뿐 아니라 빛에도 반응합니다. 빛 색깔을 바꾸면 원하는 신경세포를 골라서 자극을 주는 게 가능해집니다. 예컨대 파란 빛을 주었을 때 어떤 신경세포는 반응하는데 다른 건 반응하지 않는다면 1, 0 상태로 만들 수 있다는 걸 보여주는 겁니다. 그런 원리로 비슷한 스파이크 반응을 얻을 수 있고, MRI로도 파악할 수 있습니다. 저는 MRI만 도와줬죠. 광유전자 연구는 스탠퍼드 대학교의 칼 다이서로스 교수와 MIT의 에드 보이든Ed Boyden, 이 두 과학자가 연구를 주도했는데, 정말 노벨상을 받을 만한 업적입니다. 2010년에 개발했는데 그동안 많은 성과를 냈습니다.

그중 하나를 얘기하자면, 2015년에 쥐를 가지고 한 실험이 있습니다. 쥐의 특정 영역을 자극하면 목이 마르지 않아도 갈증을 느끼게 할 수 있습니다. 쥐의 뇌에 빛 자극을 주기 위해서 광섬유fiber-optics를 꽂습니다. 쥐는 마구 돌아다니다 빛이 보이면 물을 마십니다. 빛이 꺼지면 안 마십니다. 물 많이 먹었으니 이제 목 안 마르다 하고 룰루랄라 놀다가 빛 자극을 주면 갑자기 또 물 마시러 갑니다. 이런 식으로 뇌에 신호를 줘서 특정 행동을 유도할 수 있습니다.

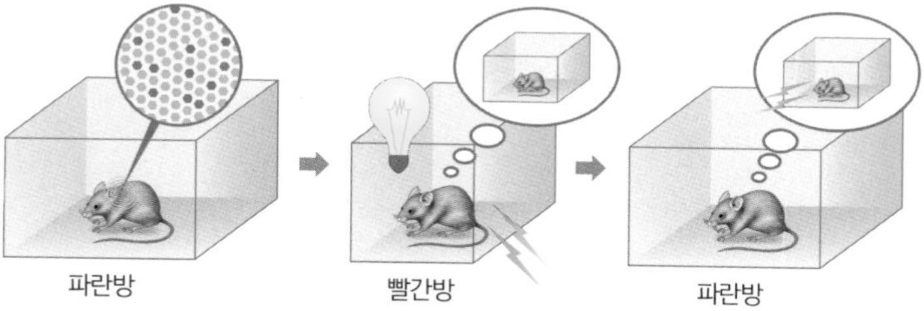

빨간 방에서 전기 쇼크로 스트레스를 많이 받은 쥐의 해마에 파란 방에 있었던 쥐의 뇌 패턴을 덮어씌운 다음, 빨간 방에서 꺼내 파란 방에 넣으면 스트레스 반응을 보인다. 기억의 왜곡이 일어났기 때문이다.

MIT의 도네가와 스스무利根川進 교수가 했던 실험을 한번 볼게요. 광유전자를 가지고 왜곡된 기억을 심어준 최초의 실험입니다. 광유전자로 조작된 쥐를 파란 방에 넣어 자유로이 돌아다니게 했습니다. 그러니까 파란 방은 먹을 것과 마실 것 다 있고 아무 문제도 없는 방이라는 경험을 쌓게 한 것이죠. 이 경험은 쥐의 해마에서 스파이크를 만들어냅니다. 해마에서 만들어지는 스파이크 신호들은 브레인 리딩으로 얻을 수 있습니다. 이렇게 얻은 뇌의 패턴을 컴퓨터에 입력·저장합니다. 그다음에 쥐를 파란 방에서 꺼내 빨간 방에 넣어요. 빨간 방에서는 안 좋은 경험을 하게 하는 겁니다. 큰 소리를 들려주거나 전기 쇼크를 줘서 스트레스를 받게 하죠. 그럼 안 좋은 경험이 해마에서 만들어질 텐데, 그 순간 이미 컴퓨터에 저장했던 파란 방의 뇌 패턴을 광유전자를 통해 쥐의 해마에 덮어씌우는 겁니다. 그러고 나서 쥐를 빨간 방에서 꺼내 다시 파란 방에 넣었습니다. 원래 파란 방에서는 아무 문제도 없었잖아요? 그런데도 쥐가 스트레스 현상을 보였습니다. 대조 실험에서 파란 방에 넣었다 빨간 방을 거쳐 다시 파란 방에 넣은 쥐는 별문제 없었거든요. 그런데 이 녀석만 스트레스 반응을 보였습니다. 아마 이 쥐는 빨간 방의 나쁜 경험을 파란 방에서 겪었다고 착각하고 있는 거예요. 예컨대 서울에서 소매치기 당해놓고 부산에서 당했다고, '기억의 왜곡'이 일어난 겁니다.

스탠퍼드 대학교와 MIT 실험에서 봤듯이 쥐를 거의 장난감처럼 제어할 수 있습니다. 먼 미래에 신생아를 모두 광유전자로 조작해놓으면 무선으로 사람들의 행동과 생각을 컨트롤할 수 있을지도 모르겠습니다. 그게 가능하면 공직자 선거 때 특정 후보에 대한 편견을 불어넣어 투표 결과를 임의로 조작할 수도 있다는 얘기입니다. 이론적으로는 충분히 가능합니다. 당연히 사람에게 적용해서는 안 되겠죠. 다만, 의학적으로는 상당히 의미가 있습니다. 예를 들어 파킨슨병에 걸린 사람들은 흑색질substantial nigra 이라고 하는 뇌 깊숙한 영역의 신경세포들이 스파이크를 잘못 만들어냅니다. 파킨슨병에 걸린 사람이 길을 걷는다고 해보죠. 걸으라는 명령을 뇌가 내리긴 하는데, 잘 걷지 못합니다. 뇌의 명령이 차단돼 있기 때문이죠. 걸으려고 애를 써도 꼼짝 못하고 가만히 서 있다가 갑자기 누가 그 사람 이름을 부르잖아요? 그러면 자기 이름을 부르는 사람 쪽으로 주의가 분산되면서 비로소 가려고 하던 쪽으로 걸음을 내딛게 됩니다. 그러니까 뭘 하려고 집중을 하면 동작이 굳어버리고 시선을 다른 데로 돌리면 풀립니다.

이런 환자는 약물로 치료할 수도 있겠지만, 수술이 더 좋은 방법입니다. 이 수술을 뇌심부자극술Deep Brain Stimulation이라고 하는데, 뇌에 전극을 꽂고 뇌의 명령 전달을 방해하는 신경세포들을 차단하는 수술입니다. 문제는 100퍼센트 완치가 안 된다는 점입니다. 그리고 수술 실패 확률이 꽤 높습니다. 전극을 꽂고 전기자극을 주면 원하는 신경세포만 꺼지는 게 아니라 주변에 있는 다른 신경세포들도 같이 꺼지거든요. 그래서 이런 경우에 광유전자 조작이 유용할 수 있습니다. 이런 조작은 해당 신경세포의 핵은 안 건드리고 주변에 새로운 수용기receptor만 만들어내기 때문에 사람한테 그다지 해롭지는 않습니다. 하지만 아직 미국식품의약국FDA의 승인이 나지 않아서 인간을 대상으로 적용할 수 없습니다. 동물 실험, 특히 원숭이를 대상으로 연구가 진행되고 있습니다. 신경세포 하나하나가 정보를 어떻게 코딩하는지만 이해한다면 여러 분야에서 획기적인 발전이 이뤄질 것입니다.

일상생활은 선택의 연속입니다.
선택 자체도 일종의 패턴입니다.
전두엽에서 어떤 패턴이
한쪽으로 쏠리면서 선택 행위가
이루어진다고 알려져 있습니다.
그런데 우울증 환자들은
비행기가 착륙하지 못하고
계속 뱅글뱅글 선회 비행을
하는 것처럼 이런 패턴이
전두엽에서 한쪽으로 쏠리지
않습니다. 그래서 선택을 하지
못하는 겁니다. 이때 강한
자극을 주면 패턴이 한쪽으로
쏠린다고 합니다.

Joseph Mallord William Turner, Inverary Pier, Loch Fyne Morning, 1845.

생각하는 기계

"A computer would deserve to be called intelligent if it could deceive a human into believing that it was human."

컴퓨터가 사람으로 하여금 자신이 인간이라고 믿도록 속일 수 있다면, 그것은 지능이라고 불릴 만하다.

— Alan Turing

Kazimir Malevich, Suprematist composition, 1916.

뇌과학을 응용한 미래를 언급할 때 항상 단골로 등장하는 게 인공지능입니다. 인공지능 분야는 크게 두 가지로 나뉩니다. 우선, 사람과 비슷한 수준으로 세상을 보며 정보를 인식하는 인공지능을 '약한 인공지능'이라고 부릅니다. 그리고 이런 약한 인공지능에 독립성·정신·자유의지 등이 추가되면 '강한 인공지능'이라고 합니다. 영화에 등장하는 인공지능은 다 강한 인공지능이죠. 터미네이터가 자기 자유의지로 인류를 멸망시키려고 하잖아요? 강한 인공지능에 마징가제트처럼 몸까지 있는 로봇은 공상과학영화에나 등장한다고 봐야 합니다. 아직까지는 불가능해요. 이세돌을 바둑으로 이긴 '알파고'도 계산만 할 뿐이지, 바둑돌은 사람이 대신 놔주었죠.

미국방위고등계획국DARPA이 진행하는 전 세계 최고 로봇 경진대회를 보면 현재의 로봇 기술 수준을 알 수 있습니다. 사실, 아직까지 로봇들은 제대로 걸어 다니지 못합니다. 문도 제대로 열지 못합니다. 계단 올라가다 넘어지기 일쑤죠. 얼마 전에 학생들이 제게 찾아와 휴보가 대단한 걸 했다고 호들갑이더라고요. 휴보는 카이스트에서 개발한 로봇 이름입니다. 그래서 뭘 했느냐고 물었더니 문을 열 수 있대요. 현재는 로봇이 문을 여는 것도 대단한 기술입니다.

그럼 이런 의문이 뒤따르겠죠. 아이들도 껑충껑충 잘 뛰어다니는데, 도대체 왜 세계 최고의 로봇이 이런 간단한 것도 하지 못할

DARPA 로봇 경진 대회에 참여한 로봇들.

까요? 아이들은 개와 고양이를 잘 구별합니다. 그런데 세계 최고의 슈퍼컴퓨터도 아직까지 개와 고양이를 구별하지 못합니다. 왜 그럴까요?

제2차 세계대전 당시 컴퓨터라는 게 역사상 처음으로 등장했습니다. 컴퓨터를 사용해보니 정말 신기한 거예요. 기계가 계산을 너무나 잘했어요. 그래서 계산을 이렇게 잘하니 생각도 할 수 있으려니 하고 여겼습니다. 그리고 1956년 다트머스 대학교에 전문가들이 모여서 연구를 시작했어요. 이때 처음 인공지능Artificial Intelligence, AI이라는 용어가 만들어졌죠. 연구진은 인간이 하는 것 중에서 기계가 가장 따라 하기 힘들 것이라 생각되는 것을 기계가 모방하게 만들기로 했습니다. 그들은 기계가 수학과 체스 게임을 제일 어려워할 거라고 결론을 내렸습니다. 수학, 당연히 어렵죠. 분명히 문을 열고 닫는 것보다 어렵잖아요? 여러분에게 "문 여닫을래, 미적분 문제 풀래?" 하고 물으면 뭘 선택하겠어요? 당연히 여러분에게는 문 여는 게 쉬울 겁니다. 그런데 기계에 적용해보니 계산과 수학 문제를 너무 쉽게 풀었습니다. 체스도 마찬가지였죠. 그래서 난리가 났습니다. 처음부터 쉽다, 어렵다의 개념을 잘못 설정했던 거예요. 인간한테 쉬운 건 기계도 쉽게 처리하고, 사람이 어려워하는 건 기계도 그럴 거라고 생각했는데 그게 아니었습니다. 알고리즘으로 따져보니 기계 입장에서는 문 여는 게 너무 어려운 것이었습니다. 로봇은 걸어 다니는 것도 어렵고,

개와 고양이를 구별하는 것도 어려웠습니다. 인간 조상들은 그동안 진화 과정에서 수만 년 동안 그런 문제들을 해결해왔어요. 사나운 짐승을 피해 재빨리 도망쳐야 살아남을 거 아니에요? 멀리서도 맹수를 잘 식별해야 하고……. 그러다 보니 진화를 거치면서 그런 능력이 우리 뇌 안에 장착된 것입니다. 우리 머릿속에 하드웨어로 답이 들어 있는 셈이죠. 답을 알고 있는데 어려울 리가 있나요. 쉬울 수밖에 없습니다. 그런 진화 과정에서 과연 미적분이 필요했을까요? 필요 없죠. 그러니까 인간은 수학이나 체스를 잘 하지 못하는 겁니다. 어렵지 않다면 그게 오히려 이상하죠.

요즘은 어떤 문제의 난이도를 조합의 개수로 가늠합니다. 예를 들어 숫자 '5'를 표현하는 방법은 몇 가지뿐이에요. 바나나 다섯 개, 사과 다섯 개……. 그런데 개와 고양이를 표현하는 방법은 무궁무진합니다. 체스 같은 게임들은 다 규칙이 있잖아요? 우리는 그 규칙을 글로 옮길 수 있습니다. 글로 쓸 수 있다는 건 알고리즘으로 표현할 수 있다는 얘기입니다. 신기하게도, 문을 여는 건 그 규칙을 글로 쓸 수 없습니다. 문의 생김새가 천차만별이고 그 문에 접근하는 방법이 다양해서 조합의 개수가 너무 많기 때문이죠.

언어로 확실하게 표현할 수 있는 정보를 구조화된structured 정보라고 합니다. 다시 말해, 계량화가 가능한 정보입니다. 수학과 체스는 구조화된 정보입니다. 하지만 걸어 다니는 것, 문을 여닫는 것, 개와 고양이를 구별하는 것 등은 비구조화된unstructured 정보, 즉 계량화가 불가능한 정보입니다. 인공지능은 수학적으로 개와 고양이를 구별하지 못합니다. 기계가 개를 인식하려면 누군가 기계에 개가 무엇인지 설명해줘야 합니다. 그걸 설명하려면 설명하는 사람이 답을 알고 있거나 답을 찾는 방법을 알아야 하고, 그것을 완벽하게 언어 또는 기호 체계로 표현할 수 있어야 합니다. 현대 뇌과학에서는 이를 불가능하다고 여기고 있습니다.

이렇게 계량화가 불가능한 정보의 특징은 물체의 개념 하나하나가 특정한 무엇이 아니라 항상 집합이라는 것입니다. 더구나 이 집합은 조합을 이루는 경우의 수가 거의 무한에 가깝습니다. 개만 해도 수십, 수백 가지 종이 있을뿐더러 생김새도 가지각색입니다. 동작과 색깔도 다양하겠죠? 뛰어다니는 개, 걸어 다니는 개, 살짝 고개를 치켜든 개, 고개를 숙인 개, 앞다리를 든 개, 흰색 개, 검은색 개, 빛을 한쪽에서 받는 개, …… 거의 무한대의 조합이 가능하기 때문에 이 모든 걸 압축해서 기호로 표현할 방법이 없습니다. 무한의 조합을 가진 그 집합을 보편적으로 설명하면 다른 조합들이 섞이기 시작하고, 아주 구체적으로 설명하면 같은 집합에서 포함되지 않는 조합이 생깁니다. 보편성과 구체성을 동시에 만족시킬 수가 없습니다. 그래서 결론은 '설명할 수 없다'는 겁니다. 그러니 이제 패러다임을 바꿔 생각해봐야 합니다. 50년 동안 이런 식으로 시도했던 인공지능을 '기호적symbolic 인공지능'이라고 합니다. 여기서 기호 또는 언어를 사용한다는 건 항상 현실을 압축해서 표현한다는 것을 의미합니다. 수학과 체스는 현실을 압축해서 설명할 수 있고, 같은 방식으로 자동차 엔진과 원자력 발전소도 가동시킬 수 있습니다. 그러나 그것으로는 문을 열지 못합니다. 조합이 너무 많아서 기호적 인공지능으로는 별 뾰족한 방법이 없습니다.

그런데 생각해보세요. 어렸을 때 엄마, 아빠가 우리에게 개의 정의가 무엇인지 설명해준 적이 있나요? 어느 부모도 세 살짜리 아이를 데려다놓고, 개라는 건 이러이러한 논리적인 필수 조건을 가진 생명체가 속한 어떤 그룹의 어쩌고저쩌고…… 이렇게 설명해 주지 않습니다. 대신 아이들은 어린 시절에 현실이라는 빅데이터에서 경험을 하며 지식을 쌓아갑니다. 그때 계량화가 쉽지 않거나 불가능한 정보는 기호를 통해서 압축하는 게 아니라 경험을 통해서 학습합니다. 인공지능 역시 같은 방법으로 학습시키면 어떻게 될까요?

뇌과학을 응용한 미래를 언급할 때 항상 단골로 등장하는 게 인공지능입니다. 인공지능 분야는 크게 두 가지로 나뉩니다. 우선, 사람과 비슷한 수준으로 세상을 보며 정보를 인식하는 인공지능을 '약한 인공지능'이라고 부릅니다. 그리고 이런 약한 인공지능에 독립성·정신·자유의지 등이 추가되면 '강한 인공지능'이라고 합니다. 영화에 등장하는 인공지능은 다 강한 인공지능이죠.

Roger de la fresnaye, Mask , 1921.

스스로 학습하는 기계

"Our technology, our machines, is part of our humanity."

우리의 기술, 우리의 기계는 우리 인류의 일부분이다.

— Ray Kurzweil

Kazimir Malevich, Painterly Realism of a Boy with a Knapsack – Color Masses in the Fourth Dimension. 1915.

'기호적 인공지능'의 한계가 드러나자 머신 러닝Machine Learning이라는 분야가 등장했습니다. 머신 러닝이란, 기계에 데이터를 입력한 다음 그 데이터를 가지고 학습하는 것입니다. 예를 들어, 기계가 고양이를 알아보게 하려면 빅데이터를 이용해 고양이와 관련 있는 수천만 가지 데이터를 넣어줍니다. 그다음에 인공 신경망Artificial Neural Network을 이용해 입력한 데이터를 가지고 통계적인 보편성을 뽑아냅니다. 추론을 하는 겁니다. 이렇게 해서 나오는 고양이는 한정된 데이터이지만 이 데이터가 워낙 크다 보니 거의 모든 변이variation를 다 망라합니다. 그럼 기계는 그걸 가지고 고양이의 보편성을 학습할 수 있습니다.

요즘 많은 인기를 얻고 있는 방법이 딥 러닝Deep Learning입니다. 이 방법은 두세 가지 혁신을 거쳐 몇 년 전부터 많이 사용하고 있습니다. 첫 번째 혁신은 데이터를 학습할 수 있는 알고리즘의 완성입니다. 두 번째 혁신은 GPU라는 그래픽 처리 장치를 가진 컴퓨터의 대중화입니다. 데이터를 학습하는 양이 엄청나 10년 전만 해도 슈퍼컴퓨터로 2~3주 정도 걸렸는데, 요즘은 웬만한 컴퓨터로 하루 정도만 계산해도 답을 얻을 수 있습니다. 그런데 무엇보다 중요한 점은 데이터가 축적됐다는 것입니다. 몇 년 전에는 인터넷에서 고양이를 검색하면 데이터가 수천 개 정도 나왔을 겁니다. 지금은 수십억 장의 사진이 있죠. 인류 역사상 처음으로 현실과 거의 비슷한 수준의 복사판을 가상 공간에 만들어놓은 겁니

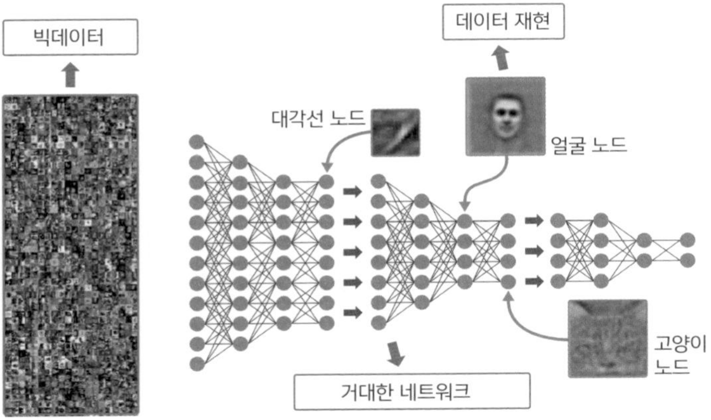

현실에서 경험할 수 있는 고양이의 변이와 거의 비슷한 수준의 데이터를 기계가 확보했고, 이제 기계 스스로 학습이 가능한 시대가 되었다.

다. 누가 만들었을까요? 여러분이 만들었습니다. 구글이나 페이스북에 데이터를 업로드함으로써, 구글이나 페이스북의 머신 러닝 개발에 일조한 셈이죠. 여러분이 데이터를 많이 올렸기 때문에 복사판이 생겼고, 그 덕분에 온라인에 있는 세상의 확률 분포가 현실과 거의 비슷해졌습니다. 현실에서 경험할 수 있는 고양이의 변이와 거의 비슷한 수준의 데이터를 기계가 확보했다는 얘기입니다. 이렇게 되면 이제 기계 스스로 학습할 수 있습니다.

자, 2014년부터 머신 러닝의 성과가 나오기 시작했습니다. 마이크로소프트는 2014년 7월에 살아 있는 개를 알아보는 시스템을 개발했습니다. 대부분의 사람들은 개를 알아보는 게 뭐가 그리

대단하냐고 했습니다. 맞아요, 사실 하나도 대단하지 않습니다. 그런데 세 살배기도 할 수 있는 걸 마이크로소프트는 2013년까지 못했다는 얘기입니다. 2013년까지는 표준 개가 표준 자세, 표준 조명, 표준 위치, 표준 각도에 있을 때만 알아봤습니다. 개가 꼬리만 흔들어도 인식하지 못했죠. 설명해준 범위를 조금이라도 벗어나면 기계가 알아보지 못했습니다. 그런데 드디어 기계가 보편성을 이해했다는 것입니다. 여기서 변이를 줘도, 즉 다양한 모습으로 바뀌어도 헷갈리지 않고 알아본다는 게 중요합니다.

모든 기술이 그렇겠지만 특히 컴퓨터 알고리즘은 방법을 모를 때는 속수무책이다가도 방법만 알고 나면 업그레이드가 어렵지 않습니다. 다음 페이지 이미지는 제가 학생들과 2014년 12월에 만든 딥 러닝 시스템 이미지입니다. 이미 1,000가지 물체를 실시간으로 알아볼 수 있습니다. 생전 처음 보는 물체도 잘 알아맞히고, 돌려놔도, 색깔과 크기를 바꿔도 알아봅니다. 아이팟, 마우스, 야구공 등 다양한 물체를 거뜬히 인식합니다. 다만, 골프공을 가까이서 보여주면 알아보지만 멀리서 보여주면 탁구공으로 착각하기도 합니다. 가끔씩 사람과 비슷한 실수를 하는 거죠. 사물 인터넷 전문가들 얘기로는 인간은 3,000~4,000가지 물체만 알아도 일상생활을 하는 데 지장이 없습니다. 백과사전에 수백만 개 단어가 있지만 대부분 전문 용어이고, 그냥 살아가는 데는 그 정도만으로도 충분하답니다. 우리 딥 러닝 시스템은 1,000가지 물체

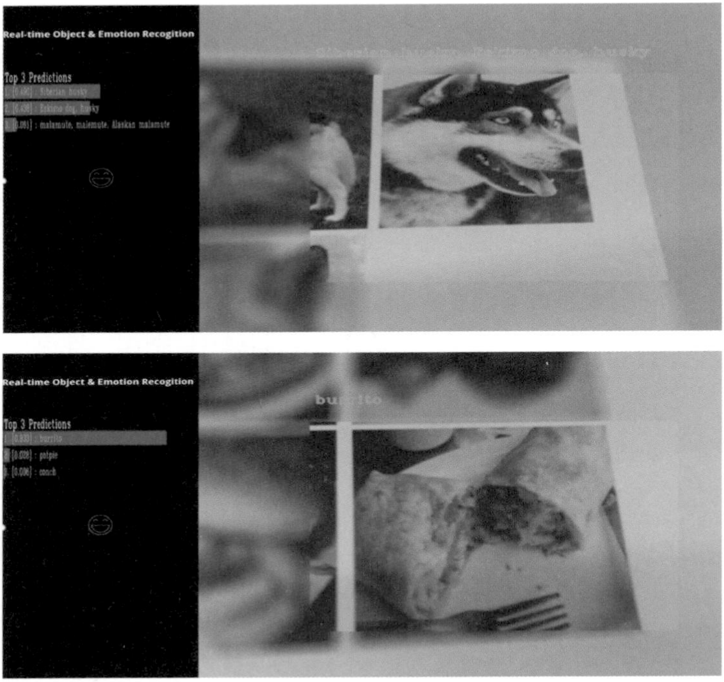

우리 실험실에서 만든 딥 러닝 시스템은 1,000가지 물체를 실시간으로 알아볼 수 있다.

를 알아보는 상태에서 붉은여우, 요크셔테리어, 에스키모도그 등도 잘 알아봅니다.

자, 이제는 더 나아가 사진이나 실물을 넘어 동영상을 보고 이해하는 시스템이 등장했습니다. 구글에서 만들었습니다. 동영상을 보고 휠체어 농구, 격투기 등 다 알아맞힙니다. 지금까지 딥 러닝 연구를 주도한 사람이 서너 명 있었는데, 토론토 대학교의 제프리 힌튼Geoffrey E. Hinton 교수는 구글로, 뉴욕 대학교의 얀 러쿤Yann LeCun 교수는 페이스북으로, 스탠퍼드 대학교의 앤드루 응吳恩達 Andrew Ng 교수는 중국 바이두百度로 옮겨갔습니다. 약 50년 동안 봉인됐던 문제가 몇 년 전부터 풀리기 시작하자, 이 연구를 주도했던 교수들이 다 IT 기업으로 옮겨간 것입니다. 인공지능이 빠른 속도로 실용화되고 있다는 증거이겠죠.

또 기계가 얼굴을 식별하는 수준을 넘어 20~30년 전에 잃어버린 아이들의 현재 얼굴을 상상해서 그린 다음, 인터넷에 올라와 있는 모든 얼굴과 비교하는 프로젝트도 있습니다. 세월이 흘러 지금 이렇게 생겼을 거라고 추정되는 얼굴을 인터넷에 올린 수십억 장의 사진과 다 비교해서 가족을 찾아주겠다는 겁니다.

이뿐 아니라 사진을 거의 완벽하게 알아보고 그 사진을 글로 표현해주는 방법도 있습니다. 역시 딥 러닝 기법 중 순환 신경망Recurrent Neural Network이라는 걸 적용하면 됩니다. 사진을 찍어서 SNS에 올리는 건 별것 아닌데 이걸 글로 쓰려면 되게 귀찮잖

오류 없이 작성된 글	사소한 오류가 포함된 글

A person riding a motocycle on a dirt road.

Two dogs play in the grass.

A group of young people playing a game of frisbee.

Two hockey players are fightin over the puck.

딥 러닝 시스템을 통해 사진을 글로 표현하는 게 가능해졌다.

아요? 자음 모음 하나하나 찍어 문장을 만들어야 하고. 이제 그럴 필요가 없다는 겁니다. 사진만 올려놓으면 기계가 알아서 라벨링을 해줍니다. 오토바이 타고 가는 장면, 아이스하키 경기, 어떤 장면이든 다 알아봅니다. 이런 기술이면 10년 후쯤에는 현장 취재를 기계가 대신할 수 있다는 얘기입니다. 가령 전쟁이 나면 그 위험한 곳을 사람이 왜 가겠어요? 360도 회전하는 카메라를 장착한

무인 자동차를 현장에 보내 필요한 장면을 촬영하고 설명을 곁들여 전송한다면 본사의 시니어 에디터가 깔끔하게 정리해서 30분 후에 인터넷 뉴스에 바로 게재할 수 있겠죠. 위험하기 짝이 없는 현장을 기계가 대신 누비고 다니는 세상이 조만간 온다는 겁니다.

아직까지는 소문일 뿐이지만, 일본의 인공지능 전문가들은 2020년 도쿄 올림픽에서 몇몇 경기를 사람 없이 중계하겠답니다. 어떨 땐 스포츠 중계가 뻔합니다. 카메라 열 대 정도가 찍어서 중계 박스에 보내면 캐스터와 해설자가 화면을 보면서 얘기해주잖아요? 그런데 이제 기계가 사람도 알아보고 장면도 알아보고 데이터는 훨씬 더 많이 가지고 있을 테니, 사람 없이도 스포츠 중계가 가능한 시대도 곧 올 것 같습니다.

2015년 11월 페이스북이 발표한 연구 결과에 따르면, 사진을 가지고 사용자와 기계가 대화를 나눌 수도 있습니다. 사람이 "이게 뭐예요?" 하고 물어보면 기계가 설명해줍니다. 만약 사진이 욕실 장면이라면, 그 사진을 기계가 해석해서 욕실에서 아이가 양치질하고 있다고 얘기해주는 데까지 발전했습니다. 몇 년 후에는 우리가 영화를 보면서 기계와 대화를 나눌 수도 있을 겁니다. 사람마다 영화 취향도 다르고, 또 대화를 귀찮아하는 사람도 있습니다. 페이스북은 유튜브나 넷플릭스에서 영화를 보며 기계와 대화하는 서비스를 구상하고 있습니다. "영화 재미있어?" 하고 말을 건네면 기계가 저 배우 다른 영화에도 나왔는데 어쩌고저쩌고……

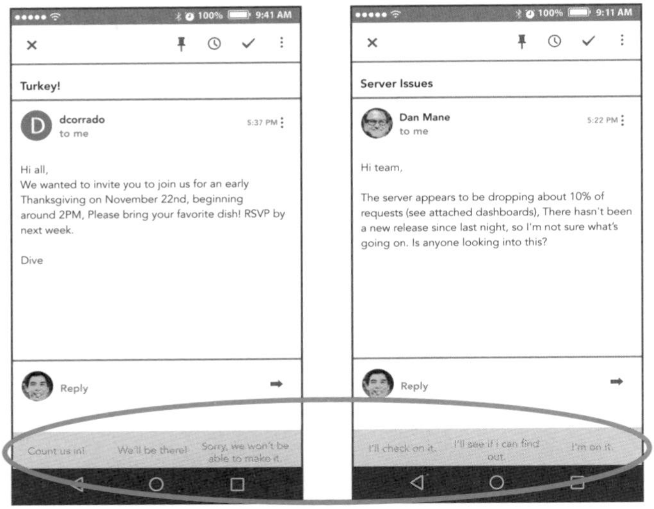

구글의 스마트 리플라이는 기계가 이메일 내용을 이해한 후 답장을 해준다.

하면서 대화할 수가 있습니다.

2015년 11월, 구글에서는 스마트 리플라이Smart Reply를 소개했습니다. 스마트 리플라이는 딥 러닝의 장단기 기억Long Short-Term Memory이라는 방법을 사용했습니다. 이메일을 받으면 기계가 이메일 내용을 이해하고 답장을 해주는 겁니다. 이메일 답장을 길게 할 때도 있지만 대부분 간단하게 처리하잖아요? 친구가 "오늘 영화 볼래?" 그러면 "그래 보자", "시간 없어", "잘 모르겠어", 대체로 이 세 가지 중 하나일 텐데, 거기서 하나를 선택하면 기계가 간략하게 답장을 해주는 서비스입니다.

몇 년 전 우리나라에서 '알파고' 덕분에 유명해진 딥마인드DeepMind는 영국의 신생 창업 회사였습니다. 처음에 30~40명으로 시작한 회사를 2014년에 구글이 5억 달러에 인수했습니다. 구글은 왜 이런 조그만 회사를 거금을 들여 인수했을까요? 두 가지 이유가 있습니다. 우선, 딥마인드의 설립자 데미스 하사비스Demis Hassabis는 오래전부터 천재 소리를 들었습니다. 체스 챔피언이자 최고의 해커였고, 케임브리지에서 컴퓨터과학을 전공한 다음 유니버시티 칼리지 런던University college of London, UCL에서 뇌과학으로 박사학위를 받았습니다.

구글이 적극적으로 인수에 나선 좀 더 중요한 이유는, 딥마인드에서 아주 재미있는 알고리즘을 개발했기 때문입니다. 심화-강화학습Deep Reinforcement Learning 또는 Deep Q-Network, 줄여서 DQN이라고 불리는 겁니다. 지금까지 본 사례들은 고양이의 다양한 장면을 학습 데이터로 집어넣으면 그걸 기반으로 기계가 보편성을 뽑아냈습니다. DQN은 전문가의 행동을 학습 데이터로 넣어주면 학습 알고리즘을 통해서 전문가들도 말로 표현하기 어렵거나 애매했던 규칙을 스스로 학습해갑니다. 벽돌 깨기break out 게임을 예로 들어볼게요. DQN은 게임 방법을 모릅니다. 아무도 설명해주지 않았거든요. 규칙을 하나도 안 가르쳐주고 학습 기능만 준 겁니다. 처음엔 못하다가 전문가가 하는 걸 보더니 규칙을 스스로 배워갑니다. 처음에는 헤매고 툭하면 공을 놓칩니다. 그

러다 점점 시간이 흐르면 감을 익히고 잘해나갑니다. 게임 방법을 전혀 설명해준 적이 없어도 자기 스스로 학습한 겁니다.

구글이 거금을 들여 딥마인드를 인수한 이유가 게임 소프트웨어를 잘 만들기 때문인 것만은 아닐 겁니다. 뭔가 다른 비즈니스 모델을 생각했겠죠. 두 가지 큰 그림을 그리고 있다고 합니다.

첫째, 이 학습 방법으로 월스트리트 최고 투자자, 이를테면 워런 버핏Warren Buffett 같은 사람의 뇌를 매핑하겠다는 겁니다. 물론, 워런 버핏에게 투자 노하우를 물어볼 수는 있겠죠. 설명해줄 겁니다. 투자할 때 유의할 점이 뭐고 어쩌고저쩌고……. 문제는,

워런 버핏의 말을 그대로 쫓아 해도 그 사람만큼 성과를 내지 못한다는 것입니다. 확실해요. 왜 그럴까요? 아주 간단합니다. 워런 버핏도 자신이 알고 있는 투자 비법의 10퍼센트 정도만 말로 표현할 수 있기 때문이죠. 지난 시간에도 설명했듯이 우리는 머릿속에 있는 정보의 대부분을 언어로 표현할 수 없습니다.

투자 애널리스트들을 보면 모니터 몇 대를 동시에 보면서 분석하고 있습니다. 환율에 다른 환차익이 어떻고 수익률이 어떻고……. 그런데 똑같은 내용을 알고 있어도 그중에는 앞서가는 사람이 있기 마련입니다. 10퍼센트 정도 될 겁니다. 배경 지식은 같지만 남다른 직감이 있기 때문이죠. 워런 버핏도 마찬가지일 것이라 생각합니다. 그 직감을 어떻게 말로 설명할 수 있을까요? '저 타이밍에 이런 패턴이 나오면 베팅하고, 저런 패턴일 때는 회수한다.' 오랜 경험에서 나오는 직관, 말로 표현하기 힘든 통찰 같은 게 있는 겁니다. 그러니까 워런 버핏의 뇌를 매핑한다는 것은 당사자도 설명은 못하지만 그 사람의 행동 유형과 그에 따른 뇌의 움직임을 다 모아서 학습 데이터로 사용하면 조만간 기계가 세계 최고의 투자자 역할을 할 거라는 아이디어입니다.

둘째, 구글 딥마인드의 또 다른 구상은 이런 학습 방법을 가지고 코딩하는 코드를 만드는 겁니다. 이미 만든 수천만 개 코드가 있고, 이런 데이터를 통해 보편성을 학습하면, 앞으로는 원하는 걸 말로 표현만 해도 기계가 스스로 코딩할 수 있다는 겁니다.

요즘 많은 인기를 얻고 있는 방법이 딥 러닝Deep Learning입니다. 이 방법은 두세 가지 혁신을 거쳐 몇 년 전부터 많이 사용하고 있습니다. 첫 번째 혁신은 데이터를 학습할 수 있는 알고리즘의 완성입니다. 두 번째 혁신은 GPU라는 그래픽 처리 장치를 가진 컴퓨터의 대중화입니다. 데이터를 학습하는 양이 엄청나 10년 전만 해도 슈퍼컴퓨터로 2~3주 정도 걸렸는데, 요즘은 웬만한 컴퓨터로 하루 정도만 계산해도 답을 얻을 수 있습니다.

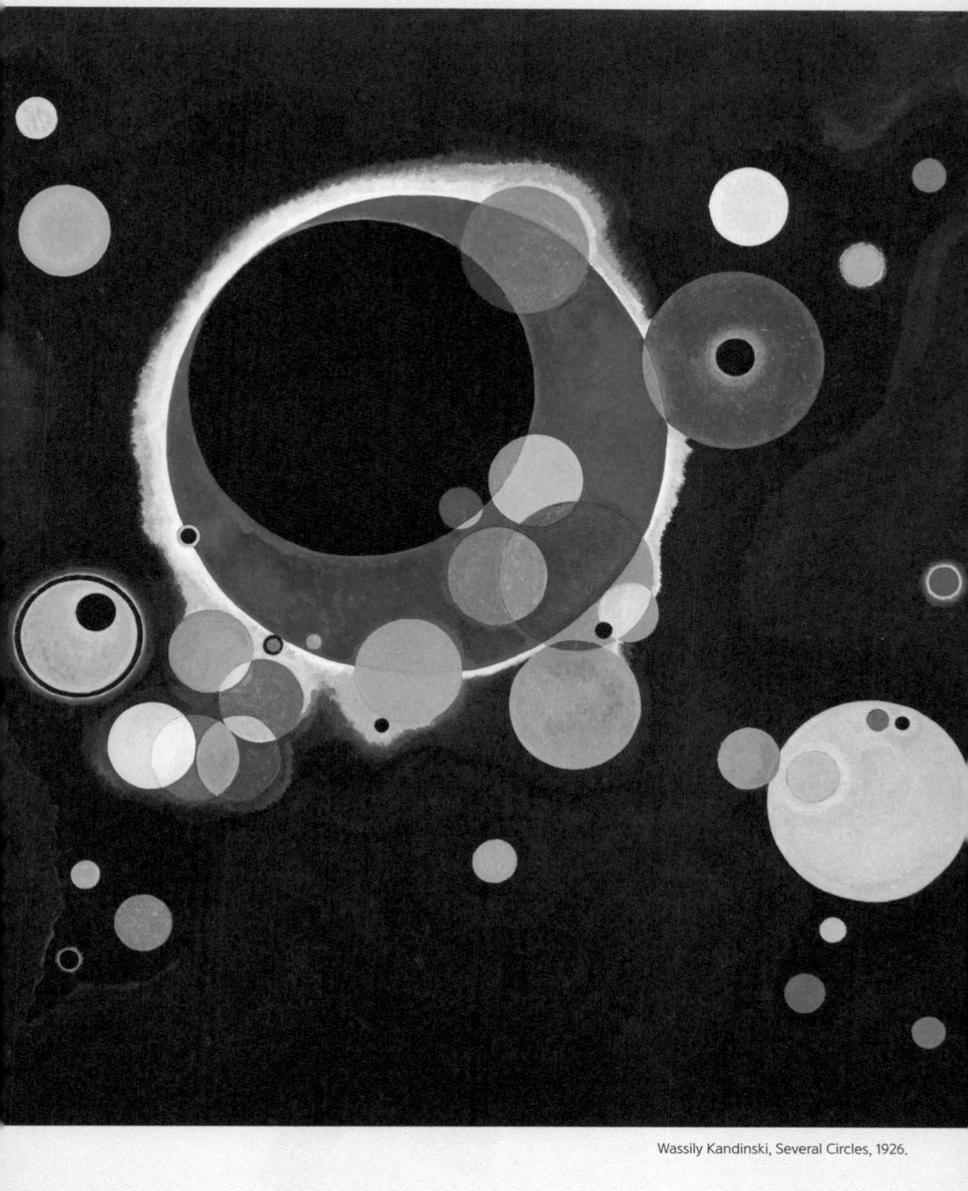

Wassily Kandinski, Several Circles, 1926.

감정을 교류하는 기계

"There is no scientific study more vital to man than the study of his own brain."

자신의 뇌 연구보다 인간에게 더 중요한 과학적 연구는 없다.

— Francis Crick

Kazimir Malevich, Suprematismo(Supremus no. 58), 1916.

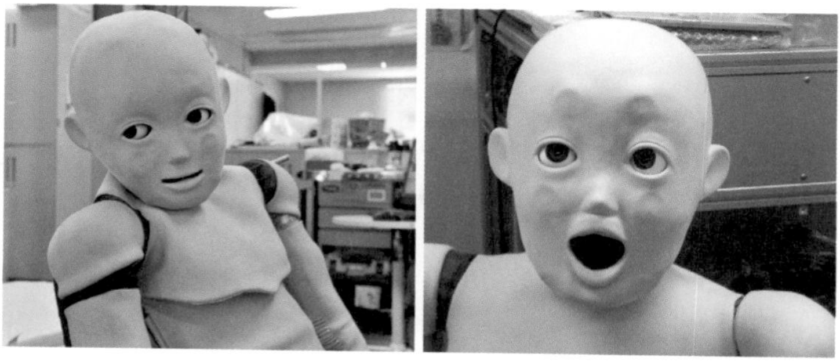

2살짜리 아기의 행동을 모방하는 일본의 아기 로봇 CB2.

일본에는 반려 로봇이 있습니다. 고령화 시대에 혼자 사는 노인이 상당히 많고 고독사도 빈번하게 일어나죠. 단순한 대화만 가능한데도 이 반려 로봇이 몇 년 동안 전화 한 통 안 하는 자식들보다 낫다고 합니다. 얘기를 건네면 자기를 쳐다보며 들어주기라도 하니 무심한 자식들보다 훨씬 낫겠죠.

섹스 로봇도 등장했는데, 이런 연구는 일본에서 상당히 많이 진행하고 있습니다. 과연 미래 사회에는 기계와 섹스가 가능해질까요? 언젠가 교수들 모임에서 제가 이런 얘기를 했어요. 인공지능이 보편화, 대중화되면 모든 사람이 기계와 사랑을 나눌 거라고. 그랬더니 난리가 났죠. 사랑은 인간에게 고유한 것이라는 둥 인문학 전공하신 분들이 막 반론을 펴는 겁니다.

인류 역사를 보면, 우리는 뭔가 소비를 하려면 그만큼 직접 생산을 해야 했습니다. 원시 시대에는 배가 고프면 사냥을 나갔어요. 사실, 사냥은 무척 힘든 겁니다. 허탕 칠 가능성이 90퍼센트 이상이었고, 힘들게 성공하더라도 껍질 벗겨 다듬고, 불 피워서 익히고……. 하루 종일 그 일만 해야 합니다. 그냥 한 끼 해결하는 데 하루 종일 걸립니다. 그 정도로 여유 시간이 없었기 때문에 인류가 수십만 년 동안 별다른 발달이 없었던 겁니다. 자, 그런데 기술이 발달하면서 이제는 배고프면 냉장고 열고 선택만 하면 됩니다. 만약 인간에게 "음식을 직접 생산할래, 아니면 선택만 할래?" 하고 물으면 99.9퍼센트는 선택하는 걸 선호합니다. 사랑도 마찬가지일 겁니다. 50년 후의 미래 사회를 한번 상상해보자고요. 그때는 미팅이니 맞선이니 다 필요 없을지도 모릅니다. 선택만 하면 돼요. 마음에 드는 애인 로봇 제품을 선택하고, 사양을 교체하고, 외모도 매일 바꿀 수 있고, 성격도 매일 다운로드받아 업데이트하면 됩니다. 오늘은 친절한 애인, 내일은 섹시한 애인, 모레는 지적인 애인. 말도 안 되는 얘기라도 고분고분 들어주지, 로봇 얘기를 그만 듣고 싶으면 그만두라고 명령하면 되지……. 로봇은 구매자의 마음에 안 드는 행동은 절대 안 할 겁니다. 제 생각에는 50년쯤 후에는 인간의 99퍼센트가 애인 로봇을 선택할 거 같습니다.

자, 그렇다면 이런 게 진짜 사랑일까요? 100년 전의 사랑과 지금의 사랑을 비교해보세요. 18~19세기 소설을 보면, 사랑에 빠진 사람은 적어도 매일 연애편지 스무 장 정도는 씁니다. 시도 써서 보냅니다. 요즘은 사랑에 빠지면 휴대폰 번호 따서 문자나 보내잖아요? 100년 전 사람들이 보면 요즘의 사랑은 사랑도 아닙니다. 도대체 열정과 감성의 투자라곤 보이지도 않죠. 하지만 현 시대에는 그런 게 사랑입니다. 지금 기준으로 볼 때 50년 후의 사람들 역시 말도 안 되는 사랑을 하겠지만 그들은 사랑이라고 여길 것입니다. 시대마다 그 시절에 맞는 삶의 방식, 사랑의 방식이 있지 않을까요? 로봇과 인간의 사랑 역시 터무니없는 얘기가 아닙니다.

영화나 소설에는 이미 각종 인공지능이 등장했습니다. 스파이크 존즈Spike Jonze 감독의 〈그녀her〉를 보면 인공지능 애인이 나옵니다. 편지 대필 작가인 주인공은 목소리만 나오는 인공지능과 온갖 고민까지 공유하는 사이입니다. 심지어 절절한 연애 감정까지 느낍니다. 소설 『은하수를 여행하는 히치하이커를 위한 안내서 *Hitchhiker's Guide to the Galaxy*』에서는 '왜 사는가?', '삶의 의미가 무엇인가?'라는 질문에 '깊은 생각'이라는 컴퓨터는 '42'라고 대답합니다. 그게 무슨 소리냐고 물으면 컴퓨터는 이렇게 얘기하죠. 문제는 사람들이 애초의 질문을 정확히 파악하지 못한 데 있는 것 같다고. 그러고는 제대로 된 질문을 찾아야 한다고 사변적인 내용을 늘어놓기도 합니다.

물론 아직까지는 영화에나 나올 법한 얘기입니다. 과연 인간은 기계와 정서적으로 교류할 수 있을까요?

얼마 전에 미국 국방성에서 재미있는 연구를 하나 했습니다. 심리 치료 차원에서 전쟁터에서 근무하다 복귀한 미군들을 대상으로 상담을 진행했습니다. 특이하게도 컴퓨터그래픽으로 구현한 가상의 인물이 모니터에 등장해 상담을 했습니다. 상담할 군인들을 두 그룹으로 나눈 다음, 한쪽에는 모니터 뒤에 사람이 있다고 하고, 다른 쪽에는 상담사가 현존하는 세계 최고의 인공지능이라고 설명해줬습니다. 그러고 나서 본격적으로 상담을 하기 시작했죠. 말은 그렇게 했지만 사실 양쪽 다 사람이 있었어요. 그러니까 한쪽 그룹의 군인들만 기계와 대화한다고 믿었던 겁니다. 연구 결과를 봤더니, 상담사가 기계라고 믿었던 사람들의 심리 상태가 훨씬 더 편안했답니다. 더 많은 시간을 대화하고, 가슴에 묻어둔 개인적인 문제를 훨씬 더 많이 꺼내고……. 그럴 거 같지 않나요? 정말 가슴속 깊은 얘기는 사람보다 기계한테 하는 걸 훨씬 더 편하게 여긴다는 겁니다. 말벗으로 사람보다 기계를 더 선호한다는 말이죠.

지옥이란 무엇인가요? 이 질문에 사람마다 다양한 대답이 나올 수 있겠죠. 장 폴 사르트르Jean-Paul Sartre에 따르면 지옥은 타인들입니다. 그가 쓴 희곡 중에 〈출구 없는 방Huis Clos〉이라고 있습니다. 그 내용을 보면, 어느 남자가 죽어요. 그다지 착하게 살았던 사람이 아닙니다. 죽으면 지옥에 가리라는 걸 자기도 알았어요. 눈을 떴는데 최고급 호텔 방이었습니다. 먹을 것도 있고, 침대

장 폴 사르트르는 희곡 <출구 없는 방>에서 "지옥은 다름아닌 타인들이다"라고 이야기한다.

나 가구 모두 좋고, 이건 지옥이 아니라 거의 천국입니다. 단, 바깥에는 못 나가요. 창문도 없고, 더구나 생전 처음 보는 여자 두 명과 같이 있어야 합니다. 결국 사르트르가 하고 싶은 말은, 영원히 벗어날 수 없는 상태에서 타인과 같은 공간에서 무한정 시간을 보내야 하는 게 지옥이라는 겁니다. 다시 말해, 타인의 존재 자체가 지옥이라는 얘기죠.

독일의 철학자 아르투르 쇼펜하우어Arthur Schopenhauer는 산책을 예로 들며 이런 말을 했습니다. 혼자 산책하면 자기가 원하는 대로 할 수 있으니까 좋지만 외로움을 느낄 수도 있다고. 그렇다고 둘이 같이 산책을 나가면 외롭지는 않은데 좀 귀찮다고. 우리가 여행을 갈 때도 그렇고 친구를 만날 때도 그렇습니다. 사람을 만나면 좋고 외롭지는 않은데 좀 귀찮은 면이 있어요. 사실, 혼자가 제일 편하잖아요? 쇼펜하우어는 이런 게 인간의 영원한 문제라고 봤습니다. 혼자 있고 싶은데 그러면 외롭고, 외롭지 않으면 또 혼자 있고 싶고. 이 문제를 해결할 방법은 '혼자 함께' 있으면 된다는 겁니다. 산책을 둘이 가되 서로 얘기하지 마라. 인생을 같이 가되 각자가 자신의 인생을 살아라. 뭐, 그런 얘기죠.

제가 아는 요즘 청소년들은 친구들을 잘 안 만난다고 합니다. 가능하면 온라인으로 만나는 게 좋다고 하더군요. 그 이유를 물어봤더니 SNS의 단체 대화방 같은 데 있다가 나가고 싶을 때 편하게 나갈 수 있어서 좋다는 겁니다. 사람을 직접 만나 같이 있으면 좀 재미없어도 그냥 가버릴 수는 없잖아요. 원하지 않아도 어쩔 수 없이 시간을 같이 보내야 하는 경우도 많죠. 그런데 온라인에 있으면 자기 내키는 대로 그냥 나가면 끝이거든요. 자기가 원할 때 로그인하고 원하지 않으면 로그아웃하면 됩니다.

사르트르와 쇼펜하우어의 말을 곧이곧대로 따를 필요는 없지만 인간관계라는 면에서 봤을 때 인공지능이 제3의 길이 될 수 있습니다. 외롭지 않으면서도 자기 마음대로 할 수 있는 존재의 등장! 기계가 그런 관계를 가능하게 해준다는 얘기입니다. 원할 때만 대화하고, 귀찮아서 조용히 하라고 명령하면 아무 소리도 안 하고, 혼자 영화 보다가 영화에 대해서 같이 좀 얘기할 상대가 필요하면 기계와 얘기 나누고……. 친구들을 집으로 불러봐야 청소해야지, 먹을거리 준비해야지, 그저 번거롭기만 할 테니까요. 어떻게 생각하시나요?

연구 결과를 봤더니, 상담사가
기계라고 믿었던 사람들의 심리
상태가 훨씬 더 편안했답니다.
더 많은 시간을 대화하고,
가슴에 묻어둔 개인적인 문제를
훨씬 더 많이 꺼내고…….
그럴 거 같지 않아요? 정말
가슴속 깊은 얘기는 사람보다
기계한테 하는 걸 훨씬 더
편하게 여긴다는 겁니다.
말벗으로 사람보다 기계를
더 선호한다는 말이죠.

Helene Schjerfbeck, The Door, 1884.

자의식을 지닌 기계

"The development of full artificial intelligence could spell the end of the human race."

완전한 인공지능의 개발은 인류의 종말을 촉발시킬 수 있다.

— Stephen Hawking

Kazimir Malevich, Suprematism, 1917.

'강한 인공지능'의 가능성 여부는 지금 당장 알 수 없습니다. 만약 여러분이 4~5년 전에 저에게 '약한 인공지능'이 언제 가능하겠느냐고 물어봤다면 100년에서 200년 정도 걸린다고 얘기했을 겁니다. 50년 동안 시도했는데 다 실패했었거든요. 개와 고양이도 구별하지 못하니까 적어도 두 배는 걸리지 않을까 생각했지만, 요즘 그 생각을 바꿨습니다. 기계 학습, 특히 딥 러닝 덕분에 약한 인공지능은 10~20년만 지나면 가능할 것 같다고 말이죠.

약한 인공지능은 세상에 많은 영향을 끼칠 것입니다. 상당히 많은 서비스 또는 정신노동이 기계로 대체될 겁니다. 250년 전 산업혁명 때도 그랬어요. 육체노동의 상당 부분을 기계에 넘겨줬죠. 기계가 인간과 비슷한 수준의 지능을 지니게 되면 인간의 능력을 넘어서는 건 시간 문제입니다. 아무리 삽질을 잘하는 사람이라도 포클레인을 당해낼 수는 없습니다. 기계의 특성상 방법을 모르면 아무것도 못하지만 방법을 익히고 나면 업그레이드하는 건 그다지 어렵지 않습니다.

앞으로 20~30년 후에는 OECD 국가 대부분의 실업률이 50퍼센트에 이를 거라고 예상합니다. 절반가량의 사람들이 할 일이 없어진다는 것입니다. 결국 자원의 재분배로 해결해야 할 텐데, 방법은 두 갈래로 나뉠 겁니다. 첫째, 일은 대부분 기계가 하고, 그렇게 높은 생산성으로 만든 재화를 적절히 재분배한다면 일주일에 열 시간 정도만 일하고도 다들 잘 살아가는 유토피아의 길이

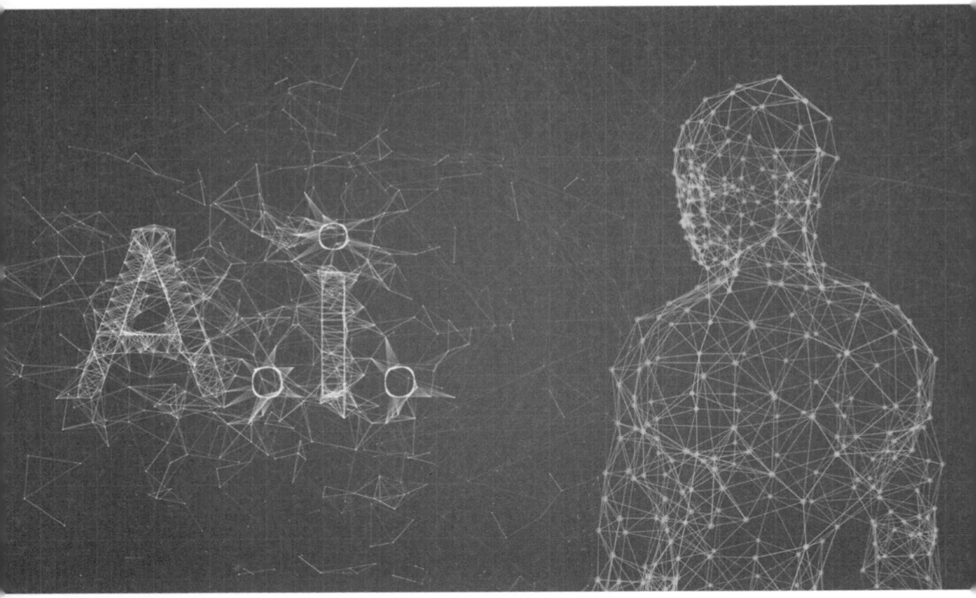

인공지능의 발달로 21세기의 세상은 많은 것이 달라질 것으로 보인다.

펼쳐집니다. 둘째, 인공지능이 만들어낸 생산성이 상위 10퍼센트에게만 집중된다면 끔찍한 디스토피아의 세상이 펼쳐지겠죠. 사회가 어떤 방향으로 나아가야 할지 결정하는 건 우리의 몫입니다.

그럼 강한 인공지능은 어떻게 될까요? 강한 인공지능이 등장하는 영화를 보면 대체로 결말이 안 좋습니다. 사실, 현재까지는 강한 인공지능은 말 그대로 공상과학입니다. 왜냐하면 강한 인공지능이 가능하다는 근거가 없기 때문입니다. 그런데 강한 인공지능이 불가능하다는 근거 또한 없습니다. 제 주변의 전문가들 중에서 강한 인공지능을 연구하는 사람은 없습니다. 다만, 옥스퍼드 대학교의 닉 보스트롬Nick Boström 교수가 연구한 게 있습니다. 강한 인공지능이 나오면 세상이 어떻게 될지 상상력을 발휘해 여러 가지 시나리오를 구상해본 겁니다. 강한 인공지능을 정부 주도로 만드는 경우, 기업 또는 비정부기구NGO, 국제연합UN이 만드는 경우 등 다양한 조건을 부여해 시뮬레이션해봤습니다. 각각 세부 사항과 진행 속도는 다르더라도 모든 시나리오의 결론이 다 똑같았습니다. 모두 인류 멸망으로 끝납니다. 어떤 사람들은 어차피 인간은 강한 인공지능을 못 만든다고 단언합니다. 우리가 지금까지 브레인 리딩, 브레인 라이팅 등등을 통해 봐왔듯이, 뇌가 물체를 인식하고 학습하는 메커니즘을 이해함으로써 약한 인공지능으로 가는 길을 다져놨다면, 강한 인공지능은 자아를 이해해야 가능하거든요. 정신·자의식·자유의지, 이런 것들은 뇌과학으로 규명하기 힘듭니다. 그 자체가 뭔지도 모르고, 정의 내릴 수도 없으니까 아무 결과를 낼 수 없습니다. 그래서 많은 사람들이 강한 인공지능을 공상과학이라고 치부하는 것입니다. 반면에 강한 인공지능을 어떻게 만드는지 모른다고 해서 그게 아예 불가능하다고 결론지을 필요는 없다고 주장하는 사람도 있습니다. 약한 인공지능의 핵심이 학습 능력이잖아요. 약한 인공지능이 생기는 순간 스스로 강한 인공지능으로 진화할 수 있다는 것입니다. 그 가능성을 배제하지는 않습니다.

인간의 성장 과정을 보세요. 어렸을 때는 약한 인공지능이라고 할 수 있습니다. 인지 능력은 있지만 부모 말을 대체로 잘 듣죠. 열다섯 살쯤 되면 강한 인공지능으로 바뀝니다. 말 절대로 안 듣습니다. 그런데 아무도 이런 강한 청소년이 되도록 교육시키지 않습니다. 자체 학습 능력이 있어서 점점 독립성이 커진 것입니다. 더구나 이런 과정이 하루아침에 생기는 것도 아닙니다. 몇 년에 걸쳐 진화하는 건데 그동안 표현만 안 했을 뿐이죠. 너무 노골적으로 드러내면 용돈 삭감, 외출 금지 등 여러 불이익이 따를 테니까요. 기계 역시 약한 인공지능에서 강한 인공지능으로 스스로 진화하겠지만 고분고분한 척하며 본심을 표현하지 않을 것 같습니다. 표현하는 순간 인간이 전원을 꺼버릴 수도 있거든요. 그런데 만약 태양에너지 같은 걸 이용해서 에너지 공급의 독자성을 확보한다면 어느 날 갑자기 본색을 드러낼지도 모릅니다.

기계가 지능을 가졌는지 여부를 알아보는 검사를 튜링 테스트Turing Test라고 합니다. 앨런 튜링Alan Turing이 제안한 '이미테이션 게임'에서 유래했는데 원리는 간단합니다. 글로 여러 질문을 던졌는데, 그 답변을 인간이 했는지 기계가 했는지 구별하지 못한다면 그 기계는 지능이 있다는 겁니다. 저는 제가 정신이 있는 것을 확실히 압니다. 저는 지금 이 순간 느끼고 있습니다. 그런데 여러분에게 정신이 있는지 저는 모릅니다. 있을 거라고 믿을 뿐이죠. 자아와 정신, 이런 것들은 내면적인 현상입니다. 자신만 확실히 알고, 다른 사람은 그러려니 미루어 짐작하는 것입니다. 그냥 서로 믿어주잖아요. 그럼 다시 튜링 테스트로 돌아오면, 기계와 인간을 구별하지 못한다면 양쪽이 똑같다는 얘기고, 사람에게는 지능이 있다고 믿으니 기계 역시 지능이 있을 거라는 주장입니다. 결국 튜링 테스트를 통과한 기계는 이미 인간을 속이는 방법을 상당히 학습한 기계겠죠. 약한 인공지능이 강한 인공지능으로 진화하고 자유의지를 갖춰나가면 인간을 속이는 건 별로 어렵지 않을 거라고 봅니다.

인간이 두려워해야 할 인공지능은 강한 인공지능입니다. 약한 인공지능으로 사회경제적인 문제가 생기긴 하겠지만 그것이 인류의 멸망을 가져올 만큼 큰 위협은 아닐 거예요. 산업혁명 당시 과학기술이 발전하면서 생산력이 급격히 늘어났듯이 약한 인공지능은 인류에 기여하는 점이 많을 겁니다. 하지만 강한 인공지능은

다릅니다. 인간은 수만 년 전부터 지구를 싹 바꿔놨습니다. 수많은 동물들을 멸종시켰고, 에너지를 다 써먹었고, 자연환경을 마구 훼손했습니다. 지구에서 인간이 제일 똑똑했으니까요. 강한 인공지능은 인간과 똑같은 질문을 제기할 수도 있습니다. '지구에 있는 여러 가지 것들은 왜 있을까?', '인간은 꼭 있어야 할까?' 강한 인공지능 역시 인간의 존재 이유에 대해 심각한 의문을 가질 수 있다는 얘기입니다. 인간이 누려온 존엄성, 그 절대적 지위를 인공지능이 검증하지 못할 이유가 있을까요?

이런 식의 질문도 가능할 것 같습니다. '지구 더하기 인간이 좋을까, 지구 빼기 인간이 더 좋을까?' 솔직히 지구 전체를 위해서라도 인간은 없는 게 낫죠. 그러면 환경오염도 줄어들고, 에너지도 보존되고, 생명체도 지금보다 훨씬 더 많을 거고, 세상도 좀 더 아름다워질 겁니다. 기계가 여러 가지 요인을 검토한 끝에 지구에서 인간이 사라지는 게 더 좋다고 결론을 내리면 어떤 일이 벌어질까요? 여기저기 총알이 빗발치고 폭탄이 터지고, 터미네이터처럼 인간을 몰아내기 위해 전쟁을 벌일까요? 저는 그럴 필요도 없을 것 같습니다. 그냥 기계가 손 놓고 있으면 됩니다. 강한 인공지능이 출현할 미래는 인간의 모든 경제 활동을 기계가 다 처리하는 사회일 겁니다. 기계가 파업하면 끝입니다. 주식·물류·전력 등 전 세계 모든 게 마비됩니다. 그 상태로 일주일만 지나도 인류의 운명은 바람 앞의 촛불 신세가 될 것입니다. 일부러 사람 찾아다니며 죽이느니 기계는 아무것도 안 하는 손쉬운 방법을 택하겠죠.

그렇다면 한번 입장을 바꿔서 생각해보죠. 기계가 원하는 건 뭘까요? 기계는 로직에 따라 움직입니다. 인간이 조건을 만들어줘야 그에 맞추어 작동합니다. 집에 불이 났다고 해보죠. 사람이 아직 빠져나오지 못했습니다. 기계한테 사람을 구하라고 명령합니다. 기계는 구조 활동 벌인답시고 사람을 3층 창문으로 던져버릴 수도 있습니다. 사람을 그냥 구하라고만 얘기했으니까요. 조건을 조금 더 구체화시켜야 됩니다. 살아 있는 상태로 사람을 구하라! 이때는 살아 있다는 조건만 충족하면 되니까 기계는 사람을 함부로 다뤄 뼈를 부러뜨려서 데려올 수도 있습니다.

다른 예를 들어볼게요. 미래 사회에 강한 인공지능이 대한민국의 모든 경제를 다 장악했다고 가정해보죠. 사람보다 똑똑할 테니까 최소한 지금 정치인들보다는 더 잘할 것입니다. 어느 날 기계에게 새 명령을 내렸습니다. 가령, 6개월 안에 일자리 200만 개를 창출하고, 경제성장률 15퍼센트를 달성하라고 말입니다. 기계는 어떻게든 그 과제를 수행해야 합니다. 곰곰이 계산해보니 가장 좋은 방법은 서울에 핵폭탄을 터뜨리는 것입니다. 계산의 근거는 이렇습니다. 수많은 사람이 죽기 때문에 일자리가 많이 생기고, 재건축해야 하니 건설 경기는 물론 부동산 시장이 활성화된다는 것입니다. 그럼 인간은 부랴부랴 그런 조건은 안 된다고 할 것입니다. 그럼 기계는 이렇게 물어보겠죠. "핵폭탄이 안 되면 생화학 무기를 쓸까요?" 또 아무리 코딩을 완벽하게 하더라도 버그가 생기는 걸 막을 수는 없습니다. 이 말은 완벽한 조건을 만들 수 없다는 의미입니다.

인간이 두려워하는 건 약한 인공지능이 강한 인공지능으로 진화하는 것입니다. 기계가 인간의 통제를 벗어나 스스로 자율성을 획득하는 순간, 인간이 설정해놓은 통제 조건 따위를 무시해버리면 끝입니다. 결국 강한 인공지능이 인간을 인정하는 것 외에는 방법이 없습니다. 인간이 없는 세상보다 그래도 인간이 이 세상에 존재하는 게 더 낫다는 인식을 기계와 공유해야 합니다. 인간 역시 역지사지易地思之로 생각해봐야 합니다. 만약 자기가 기계라면, 인간이 어떻게 처신해야 공존할 만한 가치가 있는 존재라고 여길 것인가? '인간의 존재 이유는 무엇인가?', '인간이 왜 필요할까?' 이런 질문에 답을 얻으려면 인간이 없는 세상을 한번 가정해 보는 게 가장 논리적인 접근 방식일 것입니다.

어느 한가한 토요일 오전, 거실에서 커피 한 잔을 곁들이며 요한 세바스찬 바흐Johann Sebastian Bach의 〈골드베르크 변주곡Goldberg Variations〉을 감상하다가 핵폭탄이 터져서 인류가 멸종됐다고 생각해봅시다. 지구에서 어느 순간 인간이 싹 사라졌습니다. 인류의 마지막 순간에 울려 퍼지던 바흐의 음악이 대기를 떠다니고 있습니다. 하지만 아무리 감미로운 음악이라도 그걸 들어주는 귀와 뇌가 없으면 그냥 공기의 파동일 뿐입니다. 아름다운 음악이 귓전을 맴돌 때의 감흥과 정신 작용이 없는 세상이라면 과연 어떤 '느낌'일까요? 아니, 그 '느낌'이라는 말이 성립하지 않겠죠. 뭔가를 느끼고 정서적으로 감응하는 존재가 다 사라졌으니 말입니다.

인간 외에 살아남은 동물들에게 음악이 들리기는 할 것입니다. 뭔가 신경세포가 반응은 하겠지만 아름다움을 느끼지는 못할 겁니다. 그러면 자아가 없어서 그럴지도 모릅니다. 자아라는 것은 무엇일까요? 어떻게 생겨나는 걸까요?

아무리 감미로운 음악이라도 그걸 들어주는 귀와 뇌가 없으면 그냥 공기의 파동일 뿐입니다. 아름다운 음악이 귓전을 맴돌 때의 감흥과 정신 작용이 없는 세상이라면 과연 어떤 '느낌'일까요? 아니, 그 '느낌'이라는 말이 성립하지 않겠죠. 뭔가를 느끼고 정서적으로 감응하는 존재가 다 사라졌으니 말입니다.

El Lissitzky, Proun 19D, c.1920 or 1921.

인공지능은 계속 진화할 것인가?

"Where any answer is possible, all answers are meaningless."

어떠한 대답이라도 가능하다면, 모든 대답들이 의미가 없다.

— Isaac Asimov

Kazimir Malevich, Dynamic Suprematism 1915 or 1916.

테리 시아보Terri Schiavo는 뇌졸중에 시달리다가 결국 식물인간이 되고 말았습니다. 의식도 없고, 반응도 하지 못하고 10년 가까이 코마 상태였죠. 그런데 그녀의 눈에 빛을 비추면 눈을 뜨고 물을 주면 곧잘 마십니다. 뇌를 촬영해서 보면 다 망가진 상태입니다. 텅 비어 있다시피 했습니다. 뇌과학자들은 이 환자의 자아가 없을 거라고 판단했죠. 하지만 자아라는 게 내면적인 것이라 말로 표현하지 못한다고 해서 자아가 없다고는 단정 지을 수 없습니다.

2004년 시아보의 남편이 법원에 7년 동안 코마 상태였던 아내의 안락사를 요청하면서 미국 전체가 논쟁으로 들끓었습니다. 남편이 아내의 생명을 연명해주는 영양 공급 튜브를 제거하자고 주장한 것입니다. 결국 연방 대법원이 생명 연장을 요구하는 부모의 청원을 기각하면서 급식 튜브가 제거되었죠. 그 후 시아보는 13일간 스스로 호흡하다 요양소에서 숨을 거둡니다. 자기 의지로 먹고 배설하고 숨 쉬지 못하는 사람이 기계에 의존해 연명하는 삶이 과연 진정한 인간의 삶일까요? 과연 그 사람에게 자아가 있을까요?

빨간 사과를 봤을 때 망막에서 어떤 일이 벌어지는지, 뇌에서 스파이크가 일어나 이게 어떻게 코딩되는지 우리는 이미 알아냈습니다. 10~20년 후면 뇌의 물질적인 차원은 대부분 이해를 할 것입니다. 비슷한 기능을 기계에도 적용할 수 있을 겁니다. 자, 다시 빨간 사과를 볼게요. 뇌의 생물학적인 반응뿐 아니라 적어도

사과를 본다는 것을 무엇을 의미할까? 퀄리아는 감각기관을 통해 어떤 대상의 존재를 인식하면서 느끼는 기분이나 마음 상태를 말한다.

제 눈에는 사과가 보입니다. 그런데 문제는, 사과가 보인다는 사실을 저만 알 수 있다는 겁니다. 여러분에게 사과가 보이는지 저는 모릅니다. 여러분이 보인다고 말하니까 그러려니 하는 겁니다. 여러분 역시 제 눈에 사과가 보이는지 어떤지 알 수는 없지만 보일 거라고 믿을 뿐이죠. 서로서로 믿어주는 것입니다. 이렇게 자신의 감각기관을 통해 어떤 대상의 존재를 인식하면서 느끼는 기분이나 마음 상태를 '퀄리아'라고 합니다. 퀄리아는 100퍼센트 내면적인 현상입니다. 일인칭 시점이기에 주관적일 수밖에 없으며, 객관적 관찰을 하기 힘듭니다. 어떻게 보면 자아, 정신에는 퀄리아가 제일 중요합니다. 퀄리아가 없으면 사과를 볼 때 신경세포들이 반응하겠지만 사과를 보고 있다는 느낌은 없는 것입니다. 테

WHAT IS IT LIKE TO BE A BAT?

CONSCIOUSNESS is what makes the mind-body problem really intractable. Perhaps that is why current discussions of the problem give it little attention or get it obviously wrong. The recent wave of reductionist euphoria has produced several analyses of mental phenomena and mental concepts designed to explain the possibility of some variety of materialism, psychophysical identification, or reduction.[1] But the problems dealt with are those common to this type of reduction and other types, and what makes the mind-body problem unique, and unlike the water-H_2O problem or the Turing machine-IBM machine problem or the lightning-electrical discharge problem or the gene-DNA problem or the oak tree-hydrocarbon problem, is ignored.

Every reductionist has his favorite analogy from modern science. It is most unlikely that any of these unrelated examples of successful reduction will shed light on the relation of mind to brain. But philosophers share the general human weakness for explanations of what is incomprehensible in terms suited for what is familiar and well understood, though entirely different. This has led to the acceptance of implausible accounts of the mental largely because they would permit familiar kinds of reduction. I shall try to explain why the usual examples do not

[1] Examples are J. J. C. Smart, *Philosophy and Scientific Realism* (London, 1963); David K. Lewis, "An Argument for the Identity Theory," *Journal of Philosophy*, LXIII (1966), reprinted with addenda in David M. Rosenthal, *Materialism & the Mind-Body Problem* (Englewood Cliffs, N. J., 1971); Hilary Putnam, "Psychological Predicates" in Capitan and Merrill, *Art, Mind, & Religion* (Pittsburgh, 1967), reprinted in Rosenthal, *op. cit.*, as "The Nature of Mental States"; D. M. Armstrong, *A Materialist Theory of the Mind* (London, 1968); D. C. Dennett, *Content and Consciousness* (London, 1969). I have expressed earlier doubts in "Armstrong on the Mind," *Philosophical Review*, LXXIX (1970), 394-403; "Brain Bisection and the Unity of Consciousness," *Synthèse*, 22 (1971); and a review of Dennett, *Journal of Philosophy*, LXIX (1972). See also Saul Kripke, "Naming and Necessity" in Davidson and Harman, *Semantics of Natural Language* (Dordrecht, 1972), esp. pp. 334-342; and M. T. Thornton, "Ostensive Terms and Materialism," *The Monist*, 56 (1972).

435

토머스 네이글은 〈박쥐가 된다는 게 어떤 것인가?〉라는 논문을 통해, 박쥐가 되지 않고서는 박쥐의 경험을 알 수 없다고 언급했다.

리 시아보가 그런 경우입니다.

이와 관련해서 토머스 네이글Thomas Nagel이 쓴 흥미로운 논문이 있습니다. 제목이 〈박쥐가 된다는 게 어떤 것인가?What is it like to be a bat?〉입니다. 네이글은 초음파로 세상을 파악하는 박쥐의 지각 능력을 설명한 다음, 박쥐의 경험이 내 경험과 전혀 다르기에 박쥐가 된다는 게 어떤 것이지 그 개념을 만들기가 어렵다고 했습니다. 만약 내가 박쥐처럼 행동하는 걸 상상하면, 그건 박쥐가 된다는 게 어떤 것인지 알려주는 게 아니라 '내가 박쥐가 행동하는 것처럼 행동한다는 게 어떤 것인지'만 알려준다는 것입니다. 그리고 상상은 경험에 따라 제한되기 때문에 인간의 경험을 바탕으로 박쥐가 된다는 게 어떤 것이지 탐구하는 건 적절하지 않다고 주장합니다. 내 신체 구조가 박쥐같이 변하지 않고서야 내 경험이 박쥐의 경험과 같을 수는 없으니까요. 설령 내가 박쥐로 변한다 해도, 변하기 전의 나는 '미래의 나'가 겪을 경험을 상상할 수 없다는 겁니다.

만약 제가 빌 게이츠Bill gates가 된다면 어떨까 하고 생각해볼 수는 있겠죠. 하지만 김대식이 아무리 자기가 빌 게이츠라고 생각한들 그 사람은 '빌 게이츠가 된다면 어떨까라고 생각하는 김대식'일 뿐입니다. 빌 게이츠라면 어떨까라는 느낌은 오직 빌 게이츠만 알 수 있습니다. 미루어 짐작할 수는 있겠지만 그 느낌은 본인밖에 모릅니다. 결국 자아라는 건 자신만 알 수 있고 아무도 모릅니다.

그렇다면 뇌에서 자아는 어떻게 만들어질까요? 프랜시스 크릭Francis H. C. Crick은 자아가 무엇인지 뇌과학으로 설명하려고 했습니다. 인간에게 가장 중요한 자아에 대해 답을 내놓지 못하면 인간에 대해서 아무것도 모르는 거나 마찬가지라고 생각했습니다.

크릭은 비유를 통해 자아를 설명했습니다. 오케스트라에는 피아노·바이올린·첼로 등 여러 악기들이 있습니다. 악기 연주자들의 연주는 지휘자의 지휘에 따라 연주해야 멋진 화음으로 어우러집니다. 시너지 효과를 내는 것이죠. 크릭은 자아 역시 오케스트라 지휘자처럼 세상을 하나로 묶어주는 어떤 것으로 봤습니다. 그러니까, 물체를 봤을 때 다양한 영역의 신경세포가 반응하지만

프랜시스 크릭은 뇌에서 여러 정보를 합쳐주는 곳이 전장(클라우스트룸)이고, 거기서 자아가 만들어진다고 생각했다.

그 신경세포들을 시간적으로 묶어주며 지휘자 역할을 하는 영역이 있어야 한다고 생각했죠. 그것이 바로 전장前障, Claustrum입니다. 뇌의 모든 정보를 종합하는 영역입니다. 다시 말해, 전장이 없어도 뇌는 활동합니다. 단, 전장이 없으면 하나로 안 묶이고, 하나로 안 묶이는 상태라면 자아가 없다는 것입니다. 크릭은 전장이 뇌의 지휘자라고 생각했습니다.

크릭의 논문에 보면, 뇌전증 환자의 뇌를 수술하다가 우연히 전장에 전기 자극을 주는 에피소드가 나옵니다. 뇌 전체를 기절 상태로 만드는 건 별로 어렵지 않은데, 전장에 전기 자극을 주니까 전장 자체만 껐다 켰다 할 수 있었답니다. 이 전장을 5분 동안 껐더니 기절 안 하고 계속 깨어 있기는 하지만 대화가 끊어지고 눈은 멍한 상태였다고 합니다. 그런데 전장을 다시 켜니까 꺼져 있던 5분이 사라지고 꺼지기 직전 했던 말을 연결해서 하는 것이었

줄리오 토노니 지음, 려원기 옮김, 『파이』, 쌤앤파커스

줄리오 토노니는 그의 책 『파이』에서 다양한 정보가 서로 잘 합쳐졌을 때의 상태를 자아라고 주장하면서, 이를 파이라고 불렀다.

습니다. 전장이 꺼진 상태는 지휘자 없이 개별 악기들이 멋대로 연주하면서 불협화음을 만들어내는 상태, 즉 자아가 꺼진 상태라는 것이죠. 논란의 여지는 많지만 크릭이 주장하는 요지는 이것입니다. '뇌에서 여러 정보를 합쳐주는 곳이 전장이고 거기서 자아가 만들어진다.'

크릭이 전장의 역할을 뇌의 정보를 합쳐주는 것이라고 보았다면, 줄리오 토노니Guilio Tononi는 이런 다양한 정보가 서로 잘 합쳐졌을 때의 상태를 자아라고 주장하면서 이를 '파이PHI'라고 불렀습니다. 이 파이를 근거로 '자아의 수식'이라는 것도 만들었죠. 파이의 존재 여부는 여전히 열띤 논쟁이 진행 중입니다.

자아를 가지고 논의하다 보면 과학적으로 접근하기 어려운 게 많습니다. 우리 눈에 보이는 건 다 물체입니다. 물리학의 모든 수식은 물질들 간의 상호 작용을 설명합니다. 뇌 역시 이론적으로는 자연법칙으로 설명이 가능해야 합니다. 물론 뇌 자체가 물질로만 이루어졌다면 그렇겠죠. 문제는 그게 아니라는 겁니다. 퀄리아가 있거든요. 그런데 퀄리아 자체를 잘 모르겠고, 안다 한들 아무리 생각해도 퀄리아를 어떻게 수식으로 표현해야 할지 난감한 일이죠.

여러분은 자유의지에 따라 의자에서 일어날 수 있습니다. 그런데 그 자유의지라는 것은 자연과학의 프레임으로 보면 있어서는 안 되는 현상입니다. 뇌과학자들은 자유의지를 착시 현상이라고 얘기합니다.

예를 들어, 벤저민 리벳Benjamin Libet의 실험을 보면, 어떤 사람의 뇌파를 측정하면서 그 사람이 원할 때 팔을 들라고 얘기합니다. 그런데 팔을 들어야겠다는 의지가 생기기 0.5초 전에 뇌에서는 이미 많은 변화들이 일어나고 있습니다. 서브리미널 지각(식역하 지각)이 일어나지만 본인은 모릅니다. 그러다가 어느 순간 팔을 들어 올리죠. 의지가 물체의 움직임에 인과관계를 부여하는 게 아니고, 뭔가 다른 게 있어서 물체를 움직이고 동시에 그것이 의지 때문이라는 착시 현상을 만든다고 뇌과학자들은 설명합니다. 자유의지까지는 그렇게 설명할 수 있을 거 같습니다. 하지만 퀄리아는 도저히 설명이 안 됩니다.

에르빈 슈뢰딩거는 세상의 본질은 물체가 아니라 정신이라고 주장했다.

에르빈 슈뢰딩거Erwin Schrödinger는 세상의 진짜 본질은 물질이 아니라 정신이라고 주장합니다. 정신이 물질을 만들어낸다는 것입니다. 일종의 범신론panpsychism이죠. 이게 타당하다면 우주에 정신이 있다는 뜻입니다. 우주의 모든 물질에 정신이 있다는 게 아니고, 정보를 어느 정도 융합할 수 있는 것들은 모두 정신이 있다는 것이죠. 바꿔 말하면, 생명체는 다 자아가 있다는 얘기입니다. 조건만 충족되면 기계에도 자아가 있지 않을까요? 강한 인공지능은 자아가 있어야 하잖아요?

기계가 지능과 의식을 갖게 되는 순간, 기계는 지각하고 기억하고 생각하고 느끼는 자신의 모습을 유지하고 싶을 것입니다. 인간은 기회가 된다면 기계한테서 지능과 의식을 빼앗고 싶겠죠. 기계가 모를 리 없습니다. 그러면 기계는 무엇을 해야 할까요? 기계에게 인간은 유의미한 존재일까요? 어쩌면 기계에게 인간은 우리 발밑의 벌레들처럼 무의미한 존재가 될지도 모릅니다.

그렇다면 우리가 지금 해야 할 일은 무엇일까요? 우리 아이들에게 무엇을 가르쳐줘야 할까요? 그것은 아마도 기계와의 경쟁에서 이길 수 있는, 즉 인간 고유의 능력일 것입니다.

기계가 지능과 의식을 갖게 되는 순간, 기계는 지각하고 기억하고 생각하고 느끼는 자신의 모습을 유지하고 싶을 것입니다. 인간은 기회가 된다면 기계한테서 지능과 의식을 빼앗고 싶겠죠. 기계가 모를 리 없습니다. 그러면 기계는 무엇을 해야 할까요? 기계에게 인간은 유의미한 존재일까요? 어쩌면 기계에게 인간은 우리 발밑의 벌레들처럼 무의미한 존재가 될지도 모릅니다.

Eugène Carrière – Place Clichy, la nuit, 1899–1900.

맺음말

얼마 전 신기한 꿈을 꿨습니다. 어딘지 확실하진 않지만 수많은 기계로 가득한 공장이었습니다. 어째서 '왜?'라는 질문은 꿈속에선 허용되지 않는 걸까요? 이유도 모른 채 공장을 관리하던 저는 수상한 소리에 놀랐습니다. 분명히 고장 난 기계 소리였습니다. 며칠 동안(꿈속에서) 원인을 찾다 요란한 소리를 내는 모터를 발견했습니다. 아무리 고치려 해도 풀리지 않았습니다. 모터를 꺼도 계속 소리가 나기에 결국 공장 전체의 전원을 꺼버렸습니다.

그런데 신기한 일이 벌어졌습니다. 꺼진 모터에서 여전히 소리가 나고 있었으니 말예요. 논리적으로 불가능한 일이었습니다. 전력이 공급되지 않는 모터에서 기계 소리가 나는 건 불가능하잖아요? 아니, 사실 이 모든 상황이 매우 비현실적이었습니다. 마치 꿈을 꾸고 있듯 말입니다. 현실의 정체성을 의심한 순간 깨어난 저는 침대 옆 가습기에서 소리가 나는 걸 발견하고 플러그를 뽑아버렸습니다.

두개골이라는 어두컴컴한 '감옥'에 평생 갇혀 사는 뇌는 세상을 직접 경험하고 분석하는 게 아니라 눈·코·귀로부터 전달받은 정보를 해석할 뿐입니다. 뇌는 자면서도 여전히 들리는 현실의 소리들에 대해 자신만의 해석을 하기 시작합니다. '이렇게 큰 소리는 기계가 많은 공장에서 나는 게 분명하다.' 그런데 여기서 문제가 생깁니다. 아무리 우리의 지식, 전통, 이데올로기와 일치하는 믿음이라 해도 현실에서의 문제를 꿈속에서 풀 수 없습니다. '꿈 같은 이야기'로 세상을 설명할 수는 있겠지만, 현실에서의 문제는 언제나 꿈에서 깨어나야만 풀 수 있다는 말입니다.

도대체 꿈과 현실의 차이는 무엇일까요? 현실에선 언제나 세상을 보고 판단해야겠지만, 꿈속에서의 경험은 현실을 무시하고도 가능합니다. 나 자신의 행동과 판단이 미치는 영향이 다음 선택을 좌우하는 것이 현실이라면, 꿈속에서의 판단은 오로지 제 선입견과 믿음만을 기반으로 합니다. 현실은 제 믿음을 바꿀 수 있겠지만, 꿈속에서는 언제나 제 믿음이 세상을 통째로 바꿀 수 있다는 착시 현상을 가지게 됩니다. 눈을 크게 뜨고 세상을 바라보며 핸들을 교정하는 것이 현실이라면, 꿈은 두 눈을 감고 오로지 기억과 믿음을 기반으로 운전하는 셈입니다.

소득 불평등, 핵무기, 4차 산업혁명……. 이것들은 현대 사회에 분명히 존재하고 풀어야 할 중요한 문제입니다. 그런데 이 세상 그 누구보다 눈을 크게 뜨고 현실을 기반으로 선택을 해야 하는 우리는 어쩌면 지금 케케묵은 과거의 믿음과 기억만을 되새기는 깊은 꿈속에 빠져 있는지도 모르겠습니다. 비非경제학적이고 비과학적인 대안들은 절대 문제 그 자체를 해결할 수 없는, 뇌의 꿈같은 이야기에 불과합니다. 그런데 궁금해집니다. 우리는 이런 꿈같은 이야기에 왜 자꾸 빠져버리는 걸까요? 어쩌면 너무나 당연한 일인지도 모르겠습니다. 과거를 기억하고, 현재를 해석하고, 그리고 미래를 준비해야 하는 우리의 뇌. 하지만 우리는 뇌를 사용하는 방법도, 뇌의 잘못된 판단을 검증하는 방법도 배워본 적이 없으니 말입니다. 우리 인생에서 가장 중요한 역할을 하는 도구가 뇌이지만, 아무런 설명서도, 매뉴얼도 없이 우리는 뇌를 사용하고 있습니다.

자신의 뇌를 이해하고 싶은 분들, 당신의 뇌를 알고 싶은 분들에게 제 글이 조금이나마 도움됐으면 한다는 생각을 하며 이 책을 마무리합니다.

…… 그런데 문득 이런 생각이 드는군요. "인생에서 가장 중요한 역할을 하는 것이 뇌다"라는 생각 자체도 역시 뇌가 하는 거였네요. 그렇다면 이 책에서 명시한 뇌의 중요성 역시 어쩌면 우리 뇌의 또 하나의 착시 현상일 수 있지 않을까요?

이미지 출처

ⓒ 전수교

19쪽, 34쪽 위, 34쪽 아래, 40쪽, 41쪽, 122쪽, 150쪽, 151쪽, 166쪽 아래, 171쪽, 179쪽, 194쪽 202쪽, 205쪽, 207쪽, 224쪽, 230쪽

ⓒ Gettyimages

16쪽, 54쪽, 59쪽, 62쪽, 82쪽, 144쪽, 149쪽, 158쪽, 172쪽, 180쪽, 216쪽, 232쪽, 248쪽, 252쪽

ⓒ Wikipedia

18쪽, 27쪽, 28쪽, 49쪽, 50쪽, 76쪽, 101쪽, 111쪽, 112쪽, 114쪽, 120쪽, 134쪽, 164쪽, 166쪽 위, 168쪽, 178쪽, 214쪽, 241쪽, 261쪽, 263쪽, 266쪽

그 외

14쪽 Human Brain Dissected ⓒ Hikmet Gümüş, 20쪽 Brain Sliced Coronal Plane ⓒ University of British Columbia, 25쪽 Three brainbows of mouse neurons ⓒ Lichtman and Joshua R. Sanes, 38쪽 http://dxline.info/diseases/brain-surgery, 43쪽 ⓒ pixabay, 93쪽 Checker shadow illusion ⓒ Edward H. Adelson, 133쪽 『사피엔스』 ⓒ 김영사, 141쪽 『내 안의 물고기』 ⓒ 김영사, 237쪽 https://robots.ieee.org, 264쪽 『파이』 ⓒ 쌤앤파커스

찾아보기

ㄱ

간상세포 83

갈, 프란츠 17~18, 33, 61

감각 8, 37, 45~46, 49, 80~81, 94, 101~102, 260

감정 6~7, 13, 15, 20, 102, 109, 142~144, 164, 236, 239

게이지, 피니어스 50~51

게이츠, 빌 262

경두개 자기 자극술(TMS) 202

고향 103, 106, 159, 179

골상학 18

골지, 카밀로 25~27

광검출세포 83

광섬유 205~206

그래프 이론 74

기억 6~7, 13, 15, 20, 86, 102, 104, 109, 127, 129~130, 141~142, 162~164, 170~171, 173~174, 189, 200~201, 207~208, 230, 266, 268, 271~272

기호적 인공지능 218

ㄴ

네이글, 토머스 261

~의 〈박쥐가 된다는 게 어떤 것인가?〉 261

뇌량(뇌들보) 71~72, 120~121

뇌심부자극술 209

뇌전증 119~120, 163, 263

뇌졸중 42, 120, 259

뇌지도 74, 76

뇌파 55, 265

뇌 회로도 76

ㄷ

다빈치, 레오나르도 45

다이서로스, 칼 205~206

대뇌피질 20

도네가와 스스무 207

동굴 벽화 111

두개골 15, 17~18, 20~21, 37, 50, 55, 59, 65, 81~82, 90, 134, 201, 270

두정엽 19

등쪽 경로 41

딥 러닝 223, 225~228, 230, 234, 247

딥마인드 231~233

ㄹ

라플라스, 피에르 시몽 6
랑비에결절 28
랜덤 커넥션 76
러쿤, 얀 227
레귤러 커넥션 74~76
레스팅 퍼텐셜 28
레이트 코딩 36
<로보캅> 189, 196
로크, 존 112
리벳, 벤저민 265

ㅁ

마이크로소프트 224~225
마키아벨리, 니콜로 112
망막 39~41, 81, 83~84, 86, 88, 94, 96, 100, 102, 259
매핑 40, 232~233
맹점 88~89
머신 러닝 223~224
모나리자 45
모라벡, 한스 13
~의 역설 13
모소, 안젤로 63~64, 66~67
미국방위고등계획국 213
미엘린수초(말이집) 28

ㅂ

바흐, 요한 세바스찬 255
~의 〈골드베르크 변주곡〉 255
반려 로봇 237
배쪽 경로 41
버핏, 워런 232~233
범신론 266
벤담, 제러미 112
벽돌 깨기 231
보스트롬, 닉 249
보이든, 에드 206
브라운 운동 73
브레인 라이팅 197, 200~201, 204, 249
브레인 리딩 188, 194, 197~198, 207, 249
비셀, 토르스텐 33, 36~37
빈도 36
빛 에너지 39, 81, 83, 86

ㅅ

사르트르, 장 폴 240~242
~의 〈출구 없는 방〉 240
사이코패스 53
색스, 올리버 42
서브리미널 지각 265
세포체 27~28
세포핵 27~28
센세이션(감각) 45~46
소뇌 19
쇼펜하우어, 아르투르 241~242

수상돌기 27~28
수용기 209
순환 신경망 227
슈뢰딩거, 에르빈 266
슈반세포 28
슈워제네거, 아널드 201
스마트 리플라이 230
스미스, 애덤 112
스파이크 29, 33~37, 39, 49, 55~56, 61, 63, 65, 68, 71, 81~83, 86, 89, 189, 195~196, 201, 206~208, 259
시각 7, 11, 13~14, 33~36, 39~42, 44, 51, 61, 83, 85, 96, 170, 174, 180
시냅스 28, 169~171, 173~174, 177
시뮬레이션 194, 249
시방선 40
시상침상핵 40
시신경 교차 40
시아보, 테리 259, 261
신경섬유 19
신경세포 15~16, 19, 21, 24~30, 33~39, 45~46, 52~53, 63, 70~71, 74, 76, 83, 103, 119~120, 165, 169, 177, 179, 195~196, 201~202, 204~206, 208~209, 255, 260, 262
심화-강화학습 231

ㅇ

아리스토텔레스 15
아프리오리 89
안면실인증 44
안면인식장애 44
알고리즘 85, 215, 217, 223, 225, 231, 234
알파고 213
엑소스켈레톤 197
염색 25~27, 30, 71
오바마, 버락 96
외측슬상핵 34, 40
우울증 202~203, 210
원추세포 83
유전자 74, 135, 157, 159, 205~206
『은하수를 여행하는 히치하이커를 위한 안내서』 239
응, 앤드루 227
이마엽(전두엽) 38
이미테이션 게임 251
인공 신경망 223
인공지능 13, 15, 22, 213, 215, 217~220, 223, 227, 229, 239~240, 242, 246~254, 258, 266
인식 13, 39, 45, 82, 101, 104~105, 123, 125, 178, 196, 213, 217, 220, 225, 249, 255, 260
인지 11, 13~14, 191, 250, 261

ㅈ

자기공명영상(MRI) 59
자기장 202, 204

자아 15~16, 111, 127, 129~130, 145, 162~164, 179, 249, 251, 255, 259~260, 262~264, 266
자유의지 52, 113, 213, 220, 249, 251, 265
작은 세상 네트워크 76~78
전극 28~29, 33~34, 36~38, 49, 55~56, 71, 196, 201, 204, 209
전기생리학 55
전기 에너지 39, 81, 86
전달 함수 193
전두엽 19~20, 38, 50, 52~53, 55, 203, 210
전장(클라우스트룸) 263~264
정지전위 28
존즈, 스파이크 239
~의 〈그녀〉 239
지각 6, 11, 20, 45, 77, 80, 94, 137, 261, 265~266, 268

ㅊ

착시 42, 92~97, 99, 101, 126, 129, 265, 271~272
척추 19, 189, 196
축삭 27~28, 39, 71~73, 86, 88, 120
측두엽 19~20

ㅋ

카할, 라몬 이 26~27
칸트, 임마누엘 89
커플러, 스티븐 33
퀄리아 45, 260, 265
크리게스코테, 니콜라우스 191
크릭, 프랜시스 262~264
클라우스트룸(전장) 263

ㅌ

토노니, 줄리오 264
〈토탈 리콜〉 201
튜링, 앨런 251
~ 테스트 251

ㅍ

파르테논 신전 99
파이 264
파킨슨병 208
페이스북 128, 224, 227, 229
포도당 63
프리드, 이츠하크 37
플라톤 15

ㅎ

하사비스, 데미스 231
합리성 111~112, 115~116
헤모글로빈 63, 68
호모 에코노미쿠스 110, 112~114, 136, 156
호모 호미니 루푸스 112
호문쿨루스 49, 51

홉스, 토머스 112
확산텐서자기공명영상(DTI) 74
활동전위 29
후두피질 190
휴먼 커넥톰 프로젝트 74
휴벨, 데이비드 33, 36~37
휴보 213
흄, 데이비드 112
흑색질 208
힌튼, 제프리 227

A~Z

DNA 74
fMRI 60~61, 63, 67, 71, 189~190
GPU 223, 234
MRI(자기공명영상) 53~55, 59~61, 63, 68, 71, 73~74, 189, 194~195, 206
MT 영역 42
TMS(경두개 자기 자극술) 202~204

지은이 김대식

연구하고 글 쓰고 가르치는 뇌과학자. 독일 막스-플랑크뇌과학연구소에서 뇌과학으로 박사학위를 받았다. 미국 MIT 박사후과정, 일본 이화학연구소 연구원, 미국 미네소타 대학교 조교수, 보스턴 대학교 부교수를 거쳐, 현재 카이스트 전기 및 전자공학부 교수로 재직 중이다. 인간 존재와 세상에 대한 질문을 붙들고, 과학, 철학, 예술, 역사를 종횡무진하며 뇌를 파헤치고 있다. 주된 연구 분야는 뇌과학, 뇌공학, MRI, 인공지능 등이다. 인문·과학·예술 혁신학교 건명원(建明苑)의 과학 운영위원을 맡고 있다. 지은 책으로 『챗GPT에게 묻는 인류의 미래』『김대식의 키워드』『메타버스 사피엔스』『그들은 어떻게 세상의 중심이 되었는가』『4차 산업혁명에서 살아남기』『인간을 읽어내는 과학』『어떻게 질문할 것인가』『김대식의 인간 vs 기계』『이상한 나라의 뇌과학』『김대식의 빅퀘스천』『내 머릿속에선 무슨 일이 벌어지고 있을까』 등이 있다.

당신의 뇌, 미래의 뇌

1판 1쇄 2019년 7월 22일
1판 9쇄 2023년 5월 17일

지은이 김대식
펴낸이 김정순
편집 허영수 장준오 주이상
디자인 김진영
마케팅 이보민 양혜림 정지수

펴낸곳 (주)북하우스 퍼블리셔스
출판등록 1997년 9월 23일 제406-2003-055호
주소 04043 서울시 마포구 양화로 12길 16-9(서교동 북앤빌딩)
전자우편 henamu@hotmail.com
홈페이지 www.bookhouse.co.kr
전화번호 02-3144-3123
팩스 02-3144-3121

ISBN 979-11-6405-035-2 03400

* 해나무는 (주)북하우스 퍼블리셔스의 과학·인문 브랜드입니다.